【美】马丁·加德纳◎著

黄峻峰 刘 萍◎译

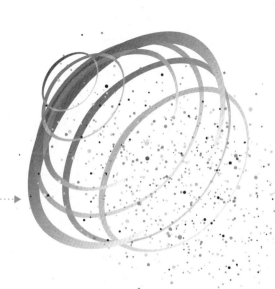

椭圆 与四色定理

Ellipse & Four
–Color Map Theorem

New Mathematical Diversions

上海科技教育出版社

图书在版编目(CIP)数据

椭圆与四色定理/(美)马丁·加德纳著;黄峻峰,刘萍译.—上海:上海科技教育出版社,2020.7
(2024.7重印)

(马丁·加德纳数学游戏全集)

ISBN 978-7-5428-7239-5

Ⅰ.①椭⋯　Ⅱ.①马⋯　②黄⋯　③刘⋯
Ⅲ.①数学—青少年读物　Ⅳ.①01-49

中国版本图书馆CIP数据核字(2020)第041643号

献给我的妻子夏洛特

目　录

前言

英国数学家李特尔伍德（John Edensor Littlewood）在他的《数学家杂记》（*Mathematician's Miscellany*）前言中写道："一个有趣的数学游戏，是比一打平庸论文更好的数学。"

这是一本关于数学游戏的书，前提是这个"游戏"范围极广，包括任何类型的混合了"极其开心"元素的数学知识。大部分数学家都喜爱玩这样的游戏，当然，他们把游戏限制在合理的范围内。娱乐数学具有一种魔力，让有些人完全沉迷其中。纳博科夫①在他杰出的关于国际象棋的小说《防守》（*Defense*）中就讲过这样一个人：国际象棋（数学游戏的一种形式）完全主宰了他的思想，以至于他与真实世界失去联系，最后从窗户跳了出去，以象棋设计师们称为升华或自我陪伴的方式，结束了他悲惨的游戏人生。这符合纳博科夫这位国际象棋大师的分裂性格。他小时候学习不好，在数学上，有一段时间他"格外沉迷于

---

① 纳博科夫（Vladimir V. Nabokov, 1899—1977），俄裔美籍小说家、散文家、诗人、文学评论家、翻译家，同时也是20世纪世界文学史上最有影响力的文学家之一。

《洛丽塔》（*Lolita*）是纳博科夫在1955年所写的小说，是20世纪受到关注并且流传极广、获得极大荣誉的一部小说。小说叙述了一名中年男子与一个未成年少女的恋爱故事。1955年首次由法国的奥林匹亚出版社出版。《洛丽塔》现已被改编成电影，另有与此相关的歌曲和时尚风格。——译者注

数学题集《快乐数学》(*Merry Mathematics*)，沉迷于数字的有趣反常行为，沉迷于几何线条的任性嬉闹，他醉心于书本上没有的任何东西"。

上面故事的寓意是：若你有头脑并想尝试一下，你可以玩一下数学游戏，但不要玩太多。偶尔玩数学游戏可以让你休息一下，激起你对严谨科学及数学的兴趣，但要严格控制，不能过度，不能着魔。

如果你控制不住自己，邓萨尼勋爵(Lord Dunsany)的故事《棋手、金融家和其他》可以给你安慰。一位金融家回忆起一个叫斯莫格斯(Smoggs)的朋友，在即将成为知名金融家之前，国际象棋把他引到了邪路上。"起初这种变化是缓慢的，他常常与一位棋手在午饭期间下棋，那时我与他在同一公司供职。后来，他开始打败对方……再后来他参加了国际象棋俱乐部，似乎是某种魔力缠上了他，这种魔力类似于酒，更类似于诗歌或音乐这些东西……他本该成为一名金融家，人们说这不比国际象棋难，而国际象棋让他一无所有。我从未看到如此智慧的头脑就这样被毁了。"

监狱长也同意我的看法，说："是有那样的人，真遗憾呀……"然后他把那个金融家锁在牢房里过夜。

我再次感谢《科学美国人》(*Scientific American*)允许再版这些专题。在前几本汇编中专题已有拓展，错误得到修正，还添加了读者寄给我的新材料。我感谢我的妻子帮忙校对，感谢我的编辑尼娜·伯恩(Nina Bourne)，更感谢全美国及全世界日益扩大的读者群，他们的信件大大丰富了这次再版的内容。

马丁·加德纳

(*Martin Gardner*)

第 1 章

四色定理

颜色

数学家经常使用，

如饥似渴大吃布丁，

为了解决四色难题。

——林登(J. A. Lindon）

著名的拓扑学四色定理是所有未经人工证明的伟大数学猜想之一,在某种意义上,它简单到甚至一个小孩子都可以理解。倘若在地图上着色的话,需要几种颜色才能使相邻的国家相互区别开来?答案是用4种颜色,你就可以很容易地填满一张地图。遵循初等数学的知识去严格证明的话,显然5种颜色也足够了。我们的问题是,4种颜色是充分且必要的吗?换一种方式说,去构建一个这样的图需要用5种不同的颜色吗?那些对此问题感兴趣的数学家认为不需要5种颜色,但是他们不能够确定。

每隔几个月,我的邮箱就会收到冗长的关于四色定理的证明。事实上,几乎所有的发件人都将此与另一个非常简单的原理相混淆了,即:在含5个区域的图中,不可能让一个区域与其他4个区域都相邻(仅仅在一点上相连的两个区域不算)。我自己在某种程度上也曾对这个原理感到困惑。我写过一篇题为"五色岛"的科幻故事,虚构了一个被波兰拓扑学家划分成5个边界相邻区域的岛屿,不难证明这类图形是不可能绘制出来的。人们可能会认为,四色定理适用于所有的图,但是事实并非如此。

结合图1.1中简单的地图a,让我们看看为什么会是这样呢?(图中所示区域的实际形状并不重要,只有它们的连接方式是重要的。四色定理是精确的拓扑学理论,因为它与平面图形的性质有关,而且不因图形所在平面扭曲而改变。)我们应该在空白区域涂上什么颜色呢？显然必须是②所示灰度或者已有三种灰度(①②③)之外的第四种灰度。如果我们采取后一种策略，如图1.1中的b图所示，给空白区域涂上第4种灰度，这样的话，在图中增加了一个新的区域(④)。这样，如果不使用第五种灰色的话，就不可能完成这幅图的填色。现在让我们返回a去重新试着填色，在空白区域涂上②所示灰度，如图1.1中c所示。如果有两个以上的区域与前4个区域相邻的话，同样会陷入困境。很显然，为了填满这两个新的空白区域，需要第四种以及第五种新的颜色。这是否表明在这类图的填充中5种颜色是必要的呢？并非如此，在这两种情况下，只要回到最初的情形并改变之前的填色方案，可以使用4种颜色来完成这幅图的填充。

在很多复杂区域如几十个地区的填色图中，我们总会陷入这种困境，需要不断地返回之前的填充步骤做颜色更改。因此，为了证明四色定理，必须表明在所有情况下，这样更改总是可以成功的；或设计一个图形的4种颜色着色程序，该程序能解决在任何地图着色过程中的所有更改。基于这种预见填色的难题，巴尔设计了一个二人拓扑游戏。游戏者A绘制一个区域，游戏者B着色这个区域并绘制一个新的区域；接下来游戏者A着色这个新区域，同时绘制另一个新的区域……游戏参与者替对手绘制的最新区域进行着色，一旦双方中有一方不得不使用第五种颜色着色时，游戏以他输掉比赛而结束。我认为除了参与这种不断激发好奇心的游戏外，没有更好的方式能让人快速地意识到四色定理证明中所遇到的困难。

人们经常说，绘图者最早意识到绘制任何一张图只要4种颜色，卡尔顿学院的数学家梅(Kenneth O. May)对此表示怀疑。深入研究四色定理起源后，梅发现在早期制图类书籍中没有任何四色定理的阐述，也没有任何迹象表明四色定理已经得到公认。爱丁堡的学生弗朗西斯·格思里(Francis

Guthrie)似乎是第一个提到并明确定义四色定理的人。他向他的弟弟弗朗西斯·弗雷德里克(Francis Frederick)提过这个定理。1852年,费雷德里克(后来成长为一名化学家)又把有关四色定理的证明传给了他的数学老师德·摩根(Augustus de Morgan)。1878年,著名的凯利教授承认曾试图证明四色定理,但最终还是失败了,此后四色定理猜想便闻名于世了。

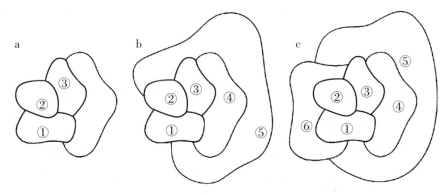

① 10%灰度　② 20%灰度　③ 30%灰度　④ 40%灰度　⑤ 50%灰度　⑥ 60%灰度

图1.1　在用4种颜色为一张图着色的过程中,常常很有必要改变之前的填色

1879年,英国律师兼数学家肯普(Alfred Kempe)先生发表了一种他认为可以证明四色定理的方法,一年后,他自信满满地在英国《自然》(*Nature*)杂志上发表了一篇名为"如何用四种颜色着色地图"的文章。数十年来,数学家们都认为四色定理已经被证明了,然而希伍德(P. J. Heawood)出人意料地举出了一个反例,揭示肯普证明中致命的错误。从那时开始,最优秀的数学家们都试图解决这个问题,但都没有成功。四色定理最诱人之处是它看起来似乎很容易证明。在神童维纳(Norbert Wiener)的自传中,他写道,像所有的数学家一样,他也曾试图寻找一种证明四色定理的方法,最终发现自己无法继续,陷入了无限死循环,那种无奈,就像傻瓜手里握着金子一样。时至今日,运用该定理绘制的图所包含的区域最多不能超过38个。38

听起来似乎是一个小数目,但当我们意识到,含38个区域的地图形成的拓扑结构超过 10^{38} 个时,这就变得非同寻常了,即使是现代电子计算机都无法在一个合理的时间范围内检查完所有填色状态。

令人恼火的是,四色定理缺乏证明,而比平面更复杂的曲面上类似理论却得到了证明。(顺便提一下,球面中的问题与平面上的一样,球面通过改变形态可使其表面平坦化,球面上的区域问题进而等效地转换成平面问题。)如只有一个面的默比乌斯带、克莱因瓶和射影平面,已经确认6种颜色是必要且充分的。如图1.2所示,在圆环表面或者锚环表面,需要7种颜色。请注意:每个区域都与其他6个区域相邻,且由6条线段分开。事实上,在每一个经过严格定义的高次表面中,地图的着色问题都已经解决了。

但是,当着色理论应用于平面或球面的时候,拓扑学家们都陷入了困境。更糟糕的是,没有明显的理由可以解释为什么会是这样的结果。一些尝试性的证明看起来似乎要成功时又出现不可思议的事,在推理链即将完善时出现令人沮丧的漏洞。没有人能预知这个著名定理的证明未来由什么来决定,但可以肯定的是,取得如下3个可能突破之一的第一人将赢得世界级声誉:

1. 发现需要5种颜色着色的地图。考克斯特在他关于四色问题的优秀论文中写道:"如果让我大胆猜测的话,我认为着色一幅图需要5种颜色是可能的,但是,即使是最简单的图形也有许多种不同的着色情况(成千上万种都有可能),面对这样的情况,没有人会有耐心去完成所有必要的测试,进而排除4种颜色着色的可能性。"

2. 四色定理被证明。可能是利用了一种新技术,突然打开了禁锢数学世界的大门。

3. 证实四色定理是不可能被证明的。这听起来有点奇怪,但在1931年,

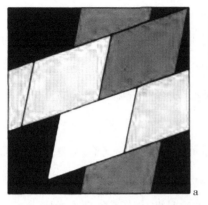

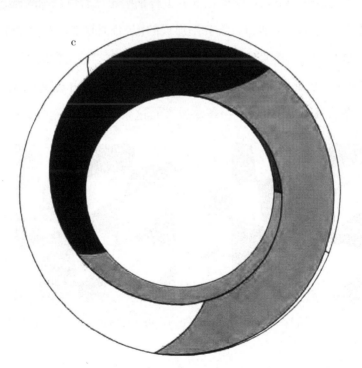

图1.2 首先将一张纸 a 卷成一个圆柱 b,c 是用 7 种颜色绘制的一幅圆环形图(环形面已放大)

7

哥德尔①提出,在任何一个复杂的包含算术运算的演绎系统里,有一些定理在系统内"不可判定"。到目前为止,在尚未解决的伟大数学猜想中只有极少数被证实是不可判定的。四色定理是不可判定的定理吗?如果是的话,四色定理只有在应用的时候才能认为是"真"的,否则,与该定理紧密联系的个别的"不可判定"定理,将成为更大的假定演绎系统中一个新的且无法证实的公设。

遗憾的是,关于着色时5种颜色对平面图是足够的,6色或更多色对某些高次曲面是必要且充分的证明过程太过冗长,在此就不作描述了。或许以下有关两色定理的清晰证明能让读者了解某些建立着色理论的概念。

考虑平面上所有可能由直线分割形成的图,普通棋盘就是一个常见的例子。图1.3左边是一个直线分割的不规则平面图,这样的图用两种颜色着色就可以吗?答案是肯定的,并且显而易见。倘若在这种由直线分割的着色图中加一条直线(图中增加了一条深黑线),这条线把平面划分成两个图,

图1.3 用直线分割的图均可用两种颜色着色

① 哥德尔(Kurt Gödel,1906—1978),数学家、逻辑学家和哲学家。生于捷克,1948年加入美国籍。其杰出贡献是哥德尔不完备定理。在20世纪初,他证明了形式数论(即算术逻辑)系统的"不完全性定理":在该系统中既无法证明其为真,也无法证明其为假。这是20世纪逻辑学和数学基础方面最著名的成果之一。——译者注

分别考虑各图并正确着色,在这条线两边会有一些颜色相同的区域相邻。如果把两幅图看成一个图的话,若要恢复整个图的正确着色,我们就要更改直线某一边的着色(具体改变那一边无关紧要)。如图1.3中右图所示,黑线上面的图已经更改,不正确的着色改成了正确的。正如你所看到的,黑线两边相邻区域的颜色不同,黑线上面图的着色正好反转了。

为了完成这一定理的证明,假设一个平面被一条直线划分成两个区域,很明显两种颜色就可以进行着色。再画一条直线,通过将线两边颜色互转进行着色,继续画第三条线……如此循环下去。显然,这个过程适合任意多条的直线。应用数学归纳法,我们已经证明双色定理适用于直线构成的任何图形。该定理同样适用于非严格意义上的地图,例如,图1.4由环形线构成,这些线要么贯穿整个图形,要么构成单独的封闭曲线。如果在这样的图中增加一条从头到尾的分割线,改变这条线某一边的着色就可以了。如果增加的线是封闭曲线,调整曲线内部所有区域的着色,当然也可以调整曲线外部区域的着色。这些封闭曲线也可能会相交,这样会使得重新着色

图1.4　无论是直线还是曲线分割平面图,两种颜色足矣

步骤变得更加复杂。

注意：这里所有的双色图都有偶顶点，也就是说，每一个顶点处有偶数条线相交。可以证明，当且仅当平面图中所有顶点是偶顶点时，它才可以用两种颜色着色，这就是著名的"双色定理"。然而这个定理对圆环面不适用。如果你将一张正方形的纸划分成9个小正方形区域(如井字游戏中)，卷成圆环状后会发现，这个有偶顶点的环状面图需要3种颜色着色。

现在，为了启发大家，更多是为了娱乐一下，这里提供3个简单的三色图着色问题，每一个问题都有一个"关键"元素，使得解决方案并非如我们一开始期望的那样：

1. 如果给图1.5(由英国谜题专家杜德尼所设计)着色，一共需要多少种颜色?要求相邻的两个区域颜色不同。

图1.5 着色这幅图需要几种颜色

2. 巴尔讲道：一位画家希望在一张巨幅画布上完成如图1.6所示的抽象油画作品，他决定用4种颜色来完成，并且限定每个区域用一种颜色，有公共边界的区域必须用不同的颜色。除了顶部区域，每个区域的面积是8平

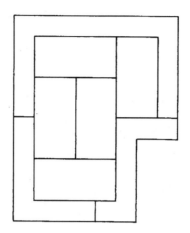

图1.6　为这种抽象画着色需要多少种颜色

方英尺[①]，顶部区域面积是其他区域的两倍。当检查他手头的物品时，发现只有如下颜料：红色只够覆盖24平方英尺，黄色只够覆盖24平方英尺，绿色只够覆盖16平方英尺，蓝色只够覆盖8平方英尺。他怎么才能完成油画绘制呢？

3. 艾伯塔大学的数学家莫泽问道：怎样在平面上绘制一个双色图，使得在上面任意放置一个边长为1的等边三角形的话，三角形的3个顶点不会在同一种颜色上？

补　遗

1840年，默比乌斯(Moebius)在一次讲座中断言，在一个平面上不可能绘制出5个区域，它们每两个都有共同的边界。他以生动的故事阐述了他的断言：东方有一位诸侯想把他的国土划分成5个彼此相邻的区域，分给他的5个儿子。该问题等价于下面的图论问题：是否可以将平面上的5个点用直线两两

---

① 为与原书保持统一，本书保留原有数据及单位，与国际标准单位的相应换算为：1公里=1千米，1英里=1.6093千米，1码=0.9144米，1英尺=12英寸=0.3048米。——译者注

连接起来,而且不相交呢? 证明这是不可能的并不困难,在任何一本初级的图论书中都可以找到相关证明。蒂策(Heinrich Tietze)在他《著名的数学问题》(*Famous Problems of Mathematics*)的"相邻区域"一章里,给出了一个浅显易懂的证明。杜德尼(Henry Ernest Dudeney)在他的著作《数学谜题》(*Mathematical Puzzles*)第140题的解答中,也给出了相同的证明。杜德尼错误地坚持认为四色定理的一种证明就蕴含其中。

我在论述四色定理的"哥德尔不可判定"时不够严谨,英国宇宙学家夏默(Dennis Sciama)给我写来了下列一封信(《科学美国人》,1960年11月,第21页):

先生:

我对马丁·加德纳文章中提到的四色定理很感兴趣。实际上不可能证明它是无法证明的定理。如果定理是错误的,毫无疑问,一张地图不能用4种颜色着色。因此,如果该定理无法证明,那么定理一定是真的。这意味着,我们不能证明它是不可证明的,这无异于证明它是"真"的。这是一对矛盾。

这句话同样适用于那些错误可以通过反例来证明的定理,例如费马大定理。这样的定理可能是无法证明的,但前提是它们是"真"的。我们并不知道这些定理是无法证明的,所以数学家们总是无休止地试图证明它们。这是一个可怕的状况,搞物理学研究或许可以这样做,但是像哥德尔之类的人也陷入了这样的境界……

现在这些担忧已经烟消云散。1976年，伊利诺伊大学的哈肯（Wolfgang Haken）和阿佩尔（Kenneth Appel）证明了四色定理，他们的证明程序需要电脑运行1200小时。或许某一天有人能找到一种更简单易行的证明方法，也可能根本没有更简单的证明方法。哈肯—阿佩尔证明中可能存在微妙的缺陷，但许多顶尖的数学家检查后宣称它正确有效，这似乎是极不可能的。欲了解更多地图着色问题，请见我在1980年2月《科学美国人》上的专栏。

答　案

以下为3个地图着色问题的答案（前两个答案参考一下问题所附带的插图）：

1. 图1.5可以用两种颜色着色，如果它不含底部左下角一条短线的话。由于这里的3个区域相互接触，所以需要3种颜色。

2. 艺术家在给抽象画着色时，将全部的蓝颜料与三分之一红颜料混合后获取紫色，给16平方英尺的画布着色。画布最大的顶部区域和中心区域涂上黄色之后，将剩余区域涂上红色、绿色或紫色就是一件简单的事情了。

3. 用双色着色一个平面时，为了使平面区域上任意一个边长为一的等边三角形的3个顶点不同时出现在同一颜色的区域，最简单的方法就是把平面分割成相间的平行条纹状。如图1.7所示，每块条纹宽度为$\frac{\sqrt{3}}{2}$，然后依次交替涂上黑色和白色。不过，只有引入开区间、闭区间的概念才能最终解决上述问题。例如，从0到1的全体实数的集合，包含0和1的称为闭区间，不包含0和1的称

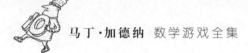
为开区间。如果集合只包含0和1中的一个(或0或1),那么就称为半开半闭区间。

如图1.7,图上的条纹沿其左侧边缘封闭;沿其右侧边缘打开。图中最左边的黑色条纹从0开始计算,测量图下的线条,得出它的宽度是$\frac{\sqrt{3}}{2}$。该黑色条纹本身包含0处线但不包含$\frac{\sqrt{3}}{2}$处的线。从左边依次向右排序,下一个条纹宽度包括$\frac{\sqrt{3}}{2}$线但不包括$2\frac{\sqrt{3}}{2}$纹线。其他条纹依此类推。即每一个条纹块包含其左侧边线,但不包含其右侧边线。换句话说,条纹间的直线只属于其右侧的

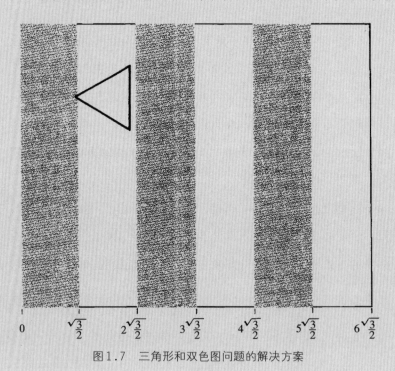

图1.7 三角形和双色图问题的解决方案

条纹块。这一点,在考虑图中三角形的3个顶点都在条纹相交线上的情况时,是非常有必要的。

　　提出这个问题的艾伯塔大学的莫泽写道:至少需要多少种颜色着色这个平面,使得平面上相隔单位距离的任意两点不在同一颜色上?4种颜色是必要的,7种颜色足够,即需要至少4种颜色、最多7种颜色。(7种颜色足够的明显例子可以从整齐砌垒的六边形瓷砖看出。每个六边形各有半径略小于边长1的外接圆,每个六边形由与它颜色不同且彼此颜色不同的六边形围绕着)。需要4种颜色和需要7种颜色的差别是如此之大,解决这个问题似乎还需要很长时间。

第 2 章

阿波利奈科斯先生造访纽约

阿先生到访美利坚

他的笑声回荡在杯盏间

　　　　　　　　——艾略特[①]

① 艾略特(Thomas Eliot，1888—1965)，英国 20 世纪影响最大的诗人。艾略特曾在哈佛大学学习哲学和比较文学，接触过梵文和东方文化，对黑格尔派的哲学家颇感兴趣，也曾受法国象征主义文学的影响。第一次世界大战爆发后定居伦敦。——译者注

直到1960年春天,卓越的法国数学家阿波利奈科斯(P. Bertrand Apollinax)才被法国人熟知。当时,法国一本数学期刊刊登了后来广为人知的阿波利奈科斯函数,震动了整个数学界。正是这个非凡函数的提出,使阿波利奈科斯一举作出如下3项创举:(1)证明费马大定理;(2)为著名的拓扑学四色定理提供反例(一幅含有5693个区域的地图);(3)为契特(Channing Cheetah)3个月后发现那个完美而奇特的有5693个数字的整数奠定基础(迄今首个此类发现)。

因此,当纽约大学的契特教授邀我去他家喝下午茶,特别是阿波利奈科斯先生也可能成为座上宾的时候,我喜出望外的心情读者们一定都能体会(契特教授的公寓就在格林尼治村离第五大道不远的一栋高高的灰色石砌大楼里。那幢大楼因为由著名投资人福莱克斯(Orville Phlaccus)的遗孀所拥有,所以被附近纽约大学的学生们叫做"福莱克斯宫")。那天我到达契特家时,大家喝茶正酣,我认出了纽约大学数学系的几位教员,也猜到在座的绝大多数年轻人都是该校的研究生。

至于阿波利奈科斯先生当然不会被认错。他是人们注意力的焦点:30岁出头的单身贵族,个头高大,容貌粗犷,虽称不上帅气,但流露出的绝顶智慧和男子气概给人留下深刻的印象。他留着一小撮山羊胡,一对大耳朵明显印证了达尔文的进化论观点。身上穿着一件休闲夹克衫,里面套着一件鲜红色的运动背心。

当福莱克斯夫人为我倒茶时,我听见一位年轻女孩的声音:"阿波利奈科斯先生,您手指上戴的银戒不会是默比乌斯环吧?"

阿波利奈科斯先生边褪下指环递给她,边哑着声用带着法国腔的英文回答说:"是的。我的一位艺术家朋友在巴黎左岸开了一家珠宝店,这是他为我定做的。"

"这太疯狂了。您就不怕指环扭到一起,然后您的手指就消失吗?"女孩递回指环。

阿波利奈科斯爆出一阵轻笑:"如果这样你就认为是疯狂的,那我再给你看看你会认为更疯狂的东西。"说着,他从衣服的侧兜里掏出一个扁扁的方形木盒子。盒子里一共装了17块白色的塑料片,这些塑料片紧凑地排列在一起(见图2.1左)。这些塑料片都很厚,中心位置的5个小片看上去更像正方体方块。阿波利奈科斯提醒我们注意这几个方块的个数,然后便将盒子里所有的塑料片全部倒在了旁边的一张桌子上,然后又迅速地把它们重新排列在盒子里(方式可参见图2.1右)。这些塑料片仍然同之前一样紧密排列,

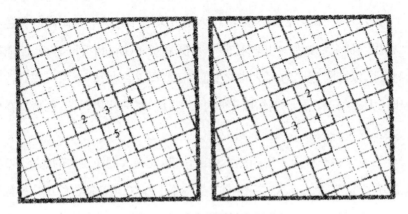

图2.1 消失的塑料片之谜

但中心位置的塑料片方块却只剩下了4个,一个小塑料片已经完全消失了!

那个年轻女孩难以置信地盯着盒子看了会,又看了看尖声大笑到浑身颤抖的阿波利奈科斯,问道:"我能研究下这个么?"然后她拿起盒子走向屋子里一个安静的角落。

"这小妞儿是谁?"阿波利奈科斯问契特。

"你说谁?"

"那个穿运动衫的女孩。"

"哦。她叫南希·埃里克特(Nancy Ellicott),波士顿来的。是我们数学专业的一名本科生。"

"她很迷人。"

"你认为她迷人?除了工作服和那件脏兮兮的运动衫以外,我就没看见她穿过别的衣服。"

"我就喜欢特立独行的格林尼治人,他们彼此太相似了。"

"有时候特立独行和神经官能症很难区分。"人群里传出这样的评论。

"这倒让我想起了一个刚听来的数学谜题",我接过话,"谁知道精神病和神经过敏有什么不同?"

没人回答。

我接着说,"一个精神病患者认为2加2等于5。而一个神经过敏症患者明知道答案是4,却还是会因此感到紧张。"

人群传来几声礼貌的笑声。但阿波利奈科斯却严肃地说:"他完全有理由紧张。蒲柏[①]不是写过'啊呀,上帝呀!难道2加2不是等于4吗?'究竟为什

[①] 蒲柏(Alexander Pope,1688—1744),18世纪英国最伟大的诗人,杰出的启蒙主义者。从小在家中自学,学习了拉丁文、希腊文、法文和意大利文的大量作品,12岁即开始发表诗作,花13年时间翻译了古希腊史诗《伊利亚特》(*Iliad*)与《奥德赛》(*Odyssey*)。21岁时发表《田园诗集》(*Pastorals*),并在以后的几年中先后发表阐述自己文学观点的诗《批评论》(*An Essay of Criticism*)和叙事诗《温莎林》(*Windsor Forest*)等。——译者注

么呢?谁能解释为什么重言式一定是重复的,谁又能说简单的四则运算就没有自相矛盾呢?"说着,他从兜里拿出一个小笔记本,快速写下这样的一个无限数列:

4-4+4-4+4-4+4-…

"这个数列的总和是多少?如果我们像这样把它重新排序:

(4-4)+(4-4)+(4-4)+…

结果显然变成了0。但是如果我们这样排序:

4-(4-4)-(4-4)-(4-4)-…

总和显然变成了4。假如我们再换一种方式组合:

4-(4-4+4-4+4-4)+…

现在这个数列的总和又变成了4减去一个同样数列的总和。换句话说,这个总和的2倍等于4,因此最终的这个总和必须是4的一半,即2。"

我正要说话,南希从人群中挤了出来,"这些小塑料片要把我逼疯了,第五个小方块去哪儿了?"

阿波利奈科斯笑出了眼泪:"亲爱的,我给你个提示吧。或许它溜到一个更高的空间维度去了。"

"你在跟我开玩笑吗?"

阿波利奈科斯叹着气说:"我也希望是在跟你开玩笑。第四维空间,如你所知,是一个垂直于三维空间坐标轴的延伸坐标轴。借鉴立方体来说明一下,它有4条主要的对角线,每个对角线都从一个顶角穿过立方体的中心点到达对面的顶角,由于立方体的对称特性,每条对角线都明显垂直于另外3条。那么,如果可以的话,我们为什么不能把一个立方体看做是一个沿着4个坐标轴伸展出来的形状呢?"

"但物理老师告诉我们,时间才是第四维啊。"南希皱着眉表示不解。

"一派胡言,"阿波利奈科斯对此嗤之以鼻,"广义相对论早就过时了,你们老师难道没听说过东格尔(Hilbert Dongle)的最新发现吗?爱因斯坦的理论有一个致命的缺陷。"

"我不信。"南希回答。

"这个容易解释。如果你快速旋转一个橡皮球,它的赤道面会发生什么变化?它会鼓起来。根据相对论,你可以用两种不同的思路解释这个现象:一种是假设宇宙是静止的,旋转的橡皮球由于所谓的惯性造成赤道面凸起;另一种是以橡皮球为参照物,假设橡皮球是静止的,整个宇宙围绕其旋转。这时,众多移动中的星体会对静止的球体形成一个强大的引力场,同样造成赤道面凸起。当然——"

"我的解释有点不同,"契特打断阿波利奈科斯,"我认为这是由橡皮球和各大星体之间的相对运动导致的。这种相对运动会引起整个宇宙时空结构的某种改变。或者说是一种时空矩阵产生的压力导致了橡皮球的膨胀,这种膨胀或者是一种引力效应,或者是一种惯性效应,无论是哪一种情况,场方程式都是完全相同的。"

"非常对,这当然就是爱因斯坦所谓的等效性原理①,也就是引力和惯性的等价性。正像赖欣巴哈②所说,这两者并无本质的区别。但我想说的是,难道不正是相对论才使得客观物体以超越光速的速度做相对运动无法理解吗?如果我们把橡皮球放置在参照物的体系内,这个球只要轻缓地转动一下就能够使月亮以比光速还快的速度做相对运动呀。"

---

① 等效(性)原理(Principle of Equivalence),广义相对论的第一个基本原理,也是整个广义相对论的核心。其基本含义是指引力场与以适当加速度运动的参考系是等价的。爱因斯坦于1911年注意到这一规律,1915年正式以原理的形式提出。——译者注

② 赖欣巴哈(Hans Reichenbach, 1891—1953),著名德国科学哲学思想家、教育家和逻辑经验论的拥护者,著有《科学哲学的兴起》(*The Rise of Scientific Philosophy*)等。——译者注

契特若有所思后恍然大悟。

阿波利奈科斯继续解释说："你瞧，当宇宙围绕着它旋转时，我们不能认为橡皮球是静止的。这意味着橡皮球的旋转是绝对的，并非相对旋转。天文学家遇到了他们称之为横向多普勒效应①的现象与此种情况类似。如果将地球视为旋转的、宇宙视为静止的时，天文台和一颗遥远恒星之间的相对横向速度是非常小的，这样一来多普勒偏移也会很小；但是，如果你将宇宙视为旋转的，将地球视为静止时，那么遥远的恒星与天文台之间的横向速度将会是非常大的，此时多普勒偏移也会相应增加。由于现实中横向多普勒偏移很小，我们必须认为地球是旋转的，而宇宙是静止的，而这显然违背了相对论的原理。"

"那么，"契特脸色看起来有点苍白，小声咕哝着说道，"您又如何解释迈克耳孙—莫雷实验②呢？他的实验没能检测出任何一点地球相对于一个固定空间进行运动的迹象啊？"

"这好理解。宇宙是无限的。地球绕着太阳转，太阳在银河系内运动，而银河系与其他星系又在星系团中相对运动，星系团之间又彼此相对运动，这些星系团又组成超星系，层层递增，无穷无尽。再加上无数的运行轨道、不定的运动速度和随机的运动方向，全部考虑进去宇宙将会发生什么？一切都彼此抵消了。零和无限其实是近亲，我举个例子解释一下。"

---

① 多普勒效应(Doppler Effect)，指物体辐射的波长因为光源和观测者的相对运动而产生变化。在运动的波源前面，波被压缩，波长变得较短，频率变得较高；在运动的波源后面，产生相反的效应，波长变得较长，频率变得较低。波源速度越高，所产生的效应越大，根据光波红/蓝移的程度，可以计算出波源循着观测方向运动的速度。波源和观察者有相对运动时，观察者接收到的频率和波源发出的频率不同，这种现象称为多普勒效应。——译者注

② 迈克耳孙—莫雷实验(Michelson-Morley Experiment)，是为了观测"以太"是否存在而开展的一个实验。在1887年，由迈克耳孙与莫雷合作，在美国的克利夫兰进行的。——译者注

阿波利奈科斯指了指桌上放的一个大花瓶，"假设这个花瓶是空的。我们现在开始向里面填数，或者你也可以想象成向里面填进写着数字的小筹码。11∶59∶00时我们把1—10放进花瓶里，然后拿出1；11∶59∶30时，我们把11—20放进去，然后拿出2；11∶59∶40时，放进21—30，然后拿出3；在11∶59∶45时放进31—40，然后拿出4，以此类推，到12点时，花瓶里剩下多少个数呢？"

"无穷啊，每次你只拿出一个却放进去10个。"南希说。

阿波利奈科斯咯咯笑得像只失控的母鸡，"花瓶里什么都没有！4在么？不在，我们在第四次操作的时候就把它拿出来了；518在么？也不在，我们在第518次操作的时候也把它拿出来了。到了中午花瓶将是空的！看出无穷与零是多么接近了吧？"

契特夫人给我们端来一盘什锦饼干和马卡龙蛋糕。"我看我们应该应用下选择公理①把这些吃的每一种都挑一个出来。"阿波利奈科斯一边捋着他的山羊胡一边说道。

"如果您认为相对论应该摒弃，那现代量子论呢？您觉得基本粒子的运动遵循一种基本随机性么？或者说这种随机性仅仅是我们对未知规律的一种无知？"过了一会儿，我这样问阿波利奈科斯先生。

"我认同现代的理论。事实上，我的看法更加激进。我同意波普尔②的观

---

① 选择公理由策梅罗（Zermelo）在1904年首次提出。在数学中，选择公理（axiom of choice）是一条集合论公理，尽管最初有着争议，现在多数数学家都在使用它。但仍有数学学派（主要在集合论内）认为，要么拒绝选择公理，要么研究与选择公理矛盾的公理的推论。——译者注

② 波普尔（Karl Popper，1902—1994），举世闻名的哲学家和思想家，被西方学界誉为"开放社会之父"。出生于奥地利维也纳，毕业于维也纳大学。1928年获哲学博士学位。1946年迁居英国，在伦敦经济学院主讲逻辑和科学方法论。1949年获教授职衔。1965年经女皇伊丽莎白二世获封爵位。1976年当选英国皇家科学院院士。——译者注

点，我们已经没有合理的理由再把决定论当回事了。"

"太难以理解了。"有人说。

"好吧，我这么说。鉴于我们即使了解所有关于这个宇宙的知识，我们对未来的某些部分仍然不能准确预测，我来演示给你们看。"

阿波利奈科斯从口袋里拿出一张空白的卡片，然后又举起卡片，以防别人看到他在上面写什么。写完后他把卡片递给我，写着字的一面朝下，"把它放到你的右裤袋里。"

我照做了。

"我刚刚在卡片上描述了一件未来要发生的事。虽然现在它还没发生，但它肯定会或肯定不会——"说着他看了看手表，"在6点之前发生。"

接着他又从口袋里拿出一张空白卡片递给我，"我想让你来猜一下我描述的那件事到底会不会发生。如果你认为会，就在你拿到的卡片上写'Yes'，如果你认为不会，就写'No'。"

我刚要提笔写，他却握住我的手腕说："先不要写，老先生。如果我看到您的预测会作弊的。等我转过身，也别让其他人看到你写的字。"说完他转过身，看着天花板，直到我写完。"现在把卡片放在你左裤袋里，这样谁都看不到。"

他又一次面向我说："我并不知道你预测的结果是什么。你也不知道这件事是什么。所以你猜对的概率是50%。"我点点头。

"那咱们来打个赌。如果你的预测是错的，你必须给我10美分；如果你预测对了，我给你100万。"

所有的人都惊呆了，"成交。"我说道。

阿波利奈科斯又对南希说道："趁着还没到时间，再说说相对论吧。你想知道，怎样做才能不洗衣服却永远都有一件相对干净的运动衫穿，而且是在仅有两件的前提下?"

"洗耳恭听。"南希笑答。

"你不止有耳朵,而且其他的五官也蛮漂亮的。我还是解释一下运动衫的事吧。假设你穿上较干净的那件,就叫它A吧,一直穿到它比另外一件B还脏;然后你脱下A穿上相对干净的B,穿到B比A更脏的时候,脱下B然后穿上相对干净的A。以此类推就行啦。"

南希朝他做了个鬼脸。

"在这样一个温暖春日的傍晚,在曼哈顿,我可真不能在这苦等到6点。你知道孟克*今晚在哪里表演么?"

"呀,对啊,他今天就在格林尼治村表演呢。你喜欢他的风格?"南希的眼睛瞪得圆圆的。

"我爱他爱到发狂。如果你愿意帮我带路去一家附近饭店的话,我可以告诉你那个盒子里小塑料片的秘密,然后我们还可以一起去听孟克①唱歌。"

南希挽着阿波利奈科斯的胳膊离开后,被用来打赌的那句话在屋子里迅速传开。6点一到,每个人都围上来看我和阿波利奈科斯到底写了些什么。他赢了,这件事在逻辑上的确无法进行预测,我欠他10美分。

读者朋友,请猜猜阿波利奈科斯在卡片上描述的事到底是什么。你会乐在其中的。

---

① 孟克(Thelonious Monk,1917—1982),美国爵士乐钢琴家和作曲家,出生于北卡罗来纳州的洛基山。他个性鲜明的创作在众多流行音乐经典作品中也显得特立独行,其和声被视为最复杂的即兴伴奏。——译者注

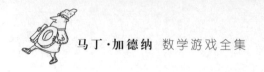

———— 补　遗 ————

很多读者把阿波利奈科斯先生这个人物当做是现实中的真人（即便我说过，他是一个并不存在的法国著名数学家），并写信询问我如何查到"阿波利奈科斯函数"。阿波利奈科斯和南希以及茶会上所有的人物，都来自于艾略特的两首诗——《阿波利奈科斯先生》（*Mr. Apollinax*）和《南希》（*Nancy*）。这两首诗刊登在他的《诗集：1909—1962》（*Collected Poems: 1909—1962*，哈考特布瑞斯出版社，1963年出版）一书的扉页上。

顺便提一下，《阿波利奈科斯先生》这首诗与罗素有关。当罗素在1914年到访哈佛大学时，艾略特出席了他关于逻辑学的讲座，两人在后来的茶会上见了面，艾略特后来在他的诗中对此也有描述。一个剑桥三一学院的数学家给我写信，问福莱科斯（Phlaccus）这个名字是否是"萎缩"（flaccid）和"阳具"（phallus）两词的合成。以上这些内容谨作为我本人对艾略特的小小注解和敬意。东格尔的名字灵感来自于英国物理学家丁格尔（Herbert Dingle）。丁格尔在近年提出，如果相对论中的时钟悖论为真，则相对论为假的观点。[有关时钟悖论的内容参见我本人平装口袋书《百万的相对论》（*Relativity for the Million*）中的一章]。文中孟克即为他本人。

阿波利奈科斯关于南希脏运动衫的那套理论借鉴了海恩所著的一首小诗，海恩在前文关于编辫子的章节中有所提及。花瓶中的数字悖论出自李特尔伍德的《数学家杂记》一书。该书解析了超限数阿列夫零的10倍数减去阿列夫零结果仍为零这个结论。如果一个数集以2,4,6,8,…这样的序列被陆续从花瓶中取出的话，那花瓶内所剩下的将是一个无限阿列夫零，或者说，一个所有奇数的集合。花瓶内任意序列的有限数集合都可以通过取出一列无限数的集合形式得到。比如，我们想使花瓶中最后剩余的是三组数列，那我们只需要按照某种序列从中拿数，但首先拿出的必须是4。这种现象便是对阿列夫零减阿列夫零的结果不确定的有趣注解,该结果可以是零、无穷大或是任意正整数,这完全取决于相关两组无穷数列的属性。

关于消失的小塑料方块这一悖论是基于纽约市的嘉理(Paul Curry)所阐述的那条鲜为人知的规律。这个规律我在多佛出版社平装版的《数学,魔术和秘密》(*Mathematics, Magic and Mystery*)一书"几何消失"一章中有详尽的介绍。

就预言悖论打赌的情节最早发表在一家加拿大魔术杂志 *Ibidem* 于 1961 年 3 月发行的第 23 期第 23 页上。对此情节我做了细微的改动(涉及一张寄给朋友的明信片),并将改动后的文章发表在《英国科学哲学杂志》(*The British Journal for the Philosophy of Science*)1962 年 5 月发行的第 13 卷第 51 页上。

答　案

阿波利奈科斯演示的关于小塑料片的悖论原理如下:当全部的 17 个小塑料片都被置于一个正方形中时,这个正方形的各条边并不完全彼此垂直,而是有肉眼察觉不到的凸起。当一个塑料块被移动后,其他 16 个小塑料片又重组成了一个新的正方形,这个正方形的边此时存在肉眼观察不到的凹陷。这也就导致了局部的明显变化。为了使这个悖论效果更加夸张,阿波利奈科斯要了点小花招,在重组小塑料方块的时候把第五块藏在了手心里。

在阿波利奈科斯关于预测的打赌游戏中,他写在卡片上的是"你会把写有'No'的卡片放在左边裤袋里"。对类似的悖论最简单的例子就是让人用"Yes"或"No"预测一下自己接下来说的字是不是"No"。波普尔对部分未来在理论上无法预知的观点并不基于这个悖论,该悖论仅仅是谎言悖论的一个变体。波普尔的理论更加深入,他对此的思考主要集中在他于1950年发表的《英国科学哲学杂志》第一卷第2—3期上的论文"量子物理学和经典物理学中的不确定论"(Indeterminism in Quantum Physics and in Classical Physics)中。对此问题他还将在即将出版的《附记:二十年后》(*Postscript: After Twenty Years*)一书中有更充分的论述。这本书提出的一个预言悖论在根本上与阿波利奈科斯的悖论相似,只不过波普尔的悖论涉及一个电脑和电风扇,而不是凯梅尼(John G. Kemeny)出版的《一个哲学家眼中的科学》(*A Philosopher Looks at Science*)第十一章中提到的人和卡片。

关于数字4组成无限数列被交替相加或相减的结果并未趋同的悖论,可用该级数的总和不收敛而来回振荡0—4之间的现象来解释,要解释清楚旋转悖论需要对相对论有更深入的研究。夏默最近出版的《宇宙的统一》(*The Unity of the Universe*)一书为解答这些经典问题提出了非常现代的解决办法,并对此进行了引人思考的展示,在此推荐给读者。

第 3 章

9 个 问 题

1. "希普"棋类游戏

众所周知,嬉皮士(hipster)鄙视"过时的穿着","希普"(Hip)游戏由此得名。该游戏在6×6的棋盘上玩,具体规则如下:一方持18颗白棋子,另一方持18颗黑棋子。双方轮流将一颗棋子置于棋盘上任意空格内,并尽力避免将自己一方的4颗棋子摆成正方形的4角。正方形可以是任意大小,角度任意倾斜。所构成的正方形共有105种可能性,图3.1中表明了其中的4种情况。

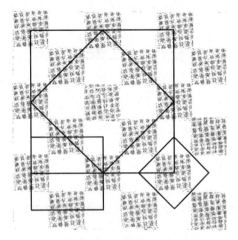

图3.1 "希普"游戏105种"正方形"中的4种

当其对手构成105种"正方形"中的一种时,该玩家获胜。此游戏可以在棋盘上用真实棋子下,也可以用铅笔在纸上画着下。简单地画出棋盘,然后在格子里打叉或画圈记录步数。

此游戏设计完成后的几个月里,我认为游戏中不可能出现平局。但后来俄克拉何马大学数学系学生麦克拉瑞(C. M. McLaury)证明此游戏可以下成平局。关键是如何将36个格子分成两组,每组18个格,以便使每组标记的4个空格都不位于正方形的4个角上,从而出现平局。

2. 一道关于转换的智力游戏题

铁路车辆的有效转换常常是运行研究领域中的难题。图3.2中描述的关于转换的智力游戏却具有化繁为简的神奇之处。

隧道的宽度足以容纳车头,但是不能通过车厢。本题目是如何利用车头调换车厢A和B,并使车头回到初始位置。车头两端都可以进行推动或拉动,两节车厢根据需要,可以互相连接。

最佳方案即所需的运行步骤最少。此处的"运行"是指车头在站点之间移动,遇到车厢停下来,推动车厢或者拉动车厢然后再与之脱离。在两个道

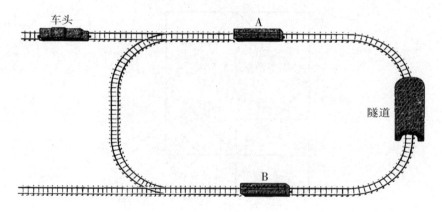

图3.2 车辆运行中的智力游戏

岔之间的移动不能称为"运行"。演示此智力游戏的简易方法是按照图3.2中所示分别放置2枚1分、1枚5分的硬币,沿着轨道滑动。记住只有代表车头的硬币可以穿过隧道。在图中,车厢距离道岔过近,在解决此问题时假设轨道上的两个车厢距东面足够远,以使得两节车厢之间有充足的空间,可以调换并容纳车头及另一节车厢。

不允许"溜放调车",例如,在车头推送摘离的车厢后不可以快速转换道岔,以致车厢溜向一边、车头不停下来而溜向另一边。

3. 高速公路上的啤酒标志

史密斯先生在高速公路上快速地行驶着,他的妻子坐在旁边。史密斯先生说道:"你注意到了吗?那些讨厌的Flatz啤酒标志似乎沿着公路有规律地分布。我想知道它们之间的距离有多远。"

史密斯夫人看了一眼手表,然后数着1分钟内他们路上遇到的标志。史密斯先生说:"多么奇怪的巧合啊!当你将这个数字乘以10以后,恰巧等于我们的车速。"

假设车速恒定,各个标志的间距相等,并且史密斯夫人在开始计时和结束计时时,车正好行驶于两个标志之间的中途。那么两个标志之间距离有多远?

4. 切开的方糖及甜甜圈

有一位工程师由于具有透视三维结构的能力而闻名。他一边吃着甜甜圈,一边喝咖啡。在将方糖放进杯子之前,他把它放在桌子上,开始思考:如果用一个平面水平穿过方糖的中心,得到的切面当然是个正方形。如果垂直穿过中心及方糖的四角,其横截面将会是长方形。现在如果我用一个平

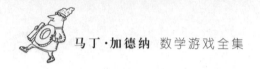
面这样去截切方糖……令他惊讶的是,他想象出来的横截面是一个正六边形。

这个横截面是怎么形成的?如果方糖的边长为0.5英寸,那么六边形的边长是多少?工程师将方糖放进咖啡后,把注意力转向了平放在盘子中的甜甜圈,自言自语道:"如果我用一个平面水平穿过其中心,其横截面将会是一个同心圆。如果纵向穿过其中心,其横截面是由内环直径隔开的两个圆形。但是如果我将平面这样切……"他吃惊地吹了声口哨,横截面竟然是两个相交的正圆!

那么这个截面是怎么形成的?如果甜甜圈是一个完美的圆环面,外环直径是3英寸,内环直径是1英寸,那么相交圆形的直径是多少?

5. 平分阴阳

两个数学家在曼哈顿西三大街上一个名为"阴与阳"的中国餐馆吃饭。他们正在讨论餐馆菜单上的标志(图3.3)。

其中一个人说道:"我认为这是世界上最古老的宗教标志,很难找到一个比它更具吸引力的方式来象征大自然的极性:善与恶、男性与女性、通货膨胀与通货紧缩、整合与分化。"

图3.3 阴阳系统(道教的太极图)阴为黑色,阳为白色

"那不也是北太平洋铁路公司的标志吗?""是的。我认为是公司的一名总工程师在1893年芝加哥世界博览会上看到了韩国国旗上的标志,然后力劝其公司采用这个标志。他认为它象征着驱动蒸汽发动机的两极:火与水。"

"你认为这个标志对当代棒球的发展具有启示意义吗?"

"我同意这种说法。顺便问一下,你知道有一种精准的办法,沿着圆画一条直线,就可以精确地将其分成阴与阳两部分吗?"

假设阴阳各占据一半圆,如何利用一条直线将它们同时二等分?

6. 蓝 眼 姐 妹

如果你碰巧看到琼斯家的两个姐妹(假设她们是从所有琼斯姐妹中随机选出来的两个),她们都是蓝眼睛,那么你猜猜,有蓝眼珠的琼斯姐妹的总数是多少?

7. 玫瑰红城有多古老?

两名教授——一名英语教授和一名数学教授——正在教工俱乐部的吧台上喝饮料。英语教授说:"好奇怪啊,一些诗人能写出一行名垂千古的诗句,但他其余的诗行却很普通。比如说,柏根①的诗就很平庸,现在几乎没有人阅读,但是他写过一句了不起的英文诗:一座玫瑰红的城市,年代有人类历史的一半那么久远。"数学教授喜欢用即兴的脑筋急转弯来惹恼他的

① 柏根(John William Burgon, 1813—1888),一名英国牧师,1876年成为奇彻斯特大教堂的主持牧师。1845年,凭借《佩特拉古城》(Petra)获得纽迪吉特奖。佩特拉古城建立于阿拉伯沙漠的边缘,是约旦南部沙漠中的神秘古城之一,也是约旦最负盛名的古迹区之一。该诗最后一句"古城的年代有人类历史的一半那么久远"常被人们引用。——译者注

朋友,他想了一会儿,然后举起杯子,开始背诵起来:

"一座玫瑰红的城市,年代有人类历史的一半那么久远。

十亿年前,玫瑰红城市的年纪是人类历史再过十亿年的五分之二。

你能算出现在该城有多古老吗?"

英语教授很久以前就已经忘了代数,所以他迅速地转换了话题。不过读到此处的读者解决这个问题应该毫不费力。

8. 复杂的径赛

3所高中——华盛顿高中、林肯高中以及罗斯福高中举行了一场田径运动会。每所学校每个项目派出一名队员(仅一名)参加。苏珊是林肯高中的一名学生,她坐在露天看台上祝贺她的男朋友成为学校的铅球冠军。当天晚些时候回到家里,她爸爸问她学校的成绩怎么样。她说:"我们赢了铅球,但是华盛顿高中赢得了田径运动会,他们最终得22分。我们学校得了9分,罗斯福高中也得了9分。"

她爸爸问:"比赛项目是怎么计分的?"苏珊回答说:"我记不清了。但是每个项目的冠军会赢得一个分数,第二名会赢得一个较小的分数,第三名赢得更小的分数。所有项目的计分都是相同的。"(苏珊所说的"计分"指一个正整数)

"一共有多少项目?"

"天啊,我不知道,爸爸。我只观看了铅球比赛。"

苏珊的哥哥问道:"有跳高吗?"

苏珊点了点头。

"谁赢了跳高?"

苏珊不知道。根据仅有的这些信息,最后这个问题可以得到解答。这看起来令人难以置信!那么,哪个学校赢得了跳高比赛呢?

9. 白蚁与27个立方体

设想有一个用27个棱长相同的木制小立方体粘成的大立方体(参见图3.4)。一只白蚁从任意一个小立方体外表面的中心开始,钻一条路径,使其可以穿过每个小立方体。其移动方向一直保持与大立方体边长(而不是对角线)平行。

白蚁穿过26个小立方体外部一次且仅一次,然后到达第一次进入的小立方体中心,结束整个行程。这样可行吗?如果可行,请证明如何实现;如果不可行,也请进行证明。

假设:白蚁一旦钻进一个小的立方体,就在整个大立方体中完成整个路径。否则,如果它可以爬到大立方体的表面,沿着表面重新找到一个新的入口处,那么完成此题目将毫无难度。

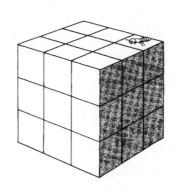

图3.4 关于白蚁与立方体的问题

答　案

1. 图3.5显示"希普"游戏中如何实现平局。麦克拉瑞是俄克拉何马州大学数学系的学生,他发现了这个完美的解决方案。我通过他的教授理查德·安德里(Richard Andree)和他讨论了这个问题。

两位读者[纽约的乔丹(William R. Jordan)以及宾夕法尼亚州的范德普尔(Donald L. Vanderpool)]通过详尽地列举出所有可能性,证明此解决方案是唯一的,除了箭头所指的4个边界处的空格有微小的变化。每个空格可以是两种颜色中的任意一种,只要4个空格不是同一种颜色。但是由于双方在游戏中都只有有限的18颗棋子,这些空格中的两个一定是一种颜色,另外两个是另一种颜色。将它们这样安排,结果无论正方形如何转动,将其翻转时模式是不变的。

6×6的棋盘产生平局的可能性最大,这在1960年由朱厄特(Robert I. Jewett)证明,他当时是俄勒冈大学的研究生。他证明无论每种颜色占了多少空格,7×7的棋盘上不可能出现平局。由于较大的正方形都包含7×7的小正方形,所以超过7×7的正方形中也不可能出现平局。

作为一种好玩的游戏,在6×6棋盘上玩的"希普"严格限定于正方形。加州大学伯克利分校劳伦斯放射实验室的化学教授坦普尔顿(David H. Templeton)指出,第二个玩家可以采用简单的对称战略迫使出现平局。他可以在每走一步时,为了与对手的上一步相对应,把棋下在该子的棋盘平行对称位置上,或绕着棋盘中心旋转90°的位置上(采用后一种战略可以出现之前所述的平局)。交替策略指的是将棋子放置在由对手上一步棋子与棋盘中心所构成的直线延长线上的相应空格中。密苏里州的迪克森(Allan W. Dickinson)、赫斯(Richmond Heights)以及得克萨斯农工大学的迈瑞特(Michael Merritt)都提出了第二个玩家可得平局的策略。这些策略适用于所有偶数阶的棋盘。在大于6×6的棋盘上不可能出现平局,采取该策略能保证第二个玩家在8×8阶或更高偶数阶棋盘上获胜。即使在6×6的棋盘上,通过棋盘二分线采取映射策略也能保证第二个玩家获胜,因为唯一的平局模式不含有对称形式。

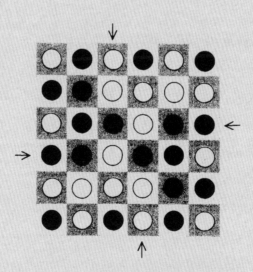

图3.5 关于"希普"游戏平局的答案

奇数阶棋盘含有中心空格,此时对称策略失效。既然奇数阶棋盘上没有有效的策略,7×7阶的棋盘最适合在实际生活中使用。在7×7棋盘上不会出现平局,而且如果双方下棋时都很理智,先下一方或后下一方谁会获胜,尚无从考证。

1963年,在伍斯特理工学院学习土木工程的学生马西(Walter W. Massie)为IBM1620数字计算机设计了"希普"游戏程序,并撰写了一篇学期论文。该程序让计算机在4—10阶的棋盘上与人下棋。如果计算机先下,它随机选择空格,否则它采取映射策略。如果采取映射后会形成正方形,它将随机选择,直到找到合适的空格。

在所有n阶的正方形棋盘上,由4个格子构成正方形的数目为$\frac{n^4-n^2}{12}$。1962年,朗曼(Harry Langman)在《玩数学》(Play Mathema-tics)第36—37页中推导出了该公式以及另外一个适用于长方形棋盘的公式。

据我所知,在三角形格子的棋盘上尚无关于"不含三角形"博弈的研究。

2. 车头可以通过16步运行将车厢A与B调换位置,并且自己回到原来的位置上。

(1)车头向右行驶,与车厢A挂钩。

(2)车头将车厢A拉至底部。

(3)车头将车厢A推送至左侧圆形轨道上,摘离。

(4)车头向右行驶。

（5）车头顺时针方向穿过隧道。

（6）车头将车厢B推送至左侧圆形轨道上。车头、车厢A与车厢B三者挂钩。

（7）车头将车厢A与车厢B拉动至右侧圆形轨道上。

（8）车头将车厢A与车厢B推送至顶部。车厢A与车厢B摘离。

（9）车头将车厢B拉动至底部。

（10）车头将车厢B推送至左侧圆形轨道上,摘离。

（11）车头逆时针方向穿过隧道。

（12）车头将车厢A推送至底部。

（13）车头行驶至左侧圆形轨道上,与车厢B挂钩。

（14）车头将车厢B拉动至右侧圆形轨道上。

（15）车头将车厢B推送至顶部,摘离。

（16）车头向左行驶至初始位置。

即使不允许车头前端进行拉动,只要开始时机车背向车厢,此运行程序同样有效。

纽约州的霍华德·格罗斯曼(Howard Grossman)以及佛罗里达州迈阿密市的冈萨雷斯(Moises V. Gonzalez)指出,即使图中下面的旁轨被取消,此问题同样可以解决。不过需要增加两步,一共需要18步。亲爱的读者们,你知道这是怎么实现的吗?

3. 关于Flatz啤酒标志令人惊讶的是:不必知道车速就可以确定标志之间的间距。假设 x 是一分钟内经过的标志数目。一小时内,车经过 $60x$ 个标志。

由题可知,车速为 $10x$ 英里/时。在 $10x$ 英里的路程中车将经过

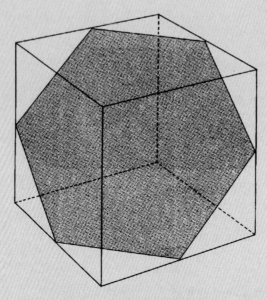

图3.6 方糖切面问题的答案

$60x$个标志,所以1英里将会通过$60x/10x$个,也就是6个标志。因此,两个标志的间距为1/6英里。

4. 如图3.6所示,将一个立方体用穿过6条棱长中点的平面切成两半,形成的横截面为正六边形。如果立方体的棱长为0.5英寸,则六边形的边长为$\frac{\sqrt{2}}{4}$英寸。

切开一个圆环体使其横截面包含两个相交圆,要求平面必须穿过中心并且与其上下相切(如图3.7所示)。如果圆环体的直径分别为3英寸与1英寸,很明显,横截面的两个圆直径均为2英寸。

此种切法,再加上之前所述两种是将炸圈饼切开得到圆形截面的唯一方式。加州霍桑市国家收银机公司电子部的爱默生(Everett A. Emerson)寄来代数方式的证明,充分确证不存在第四

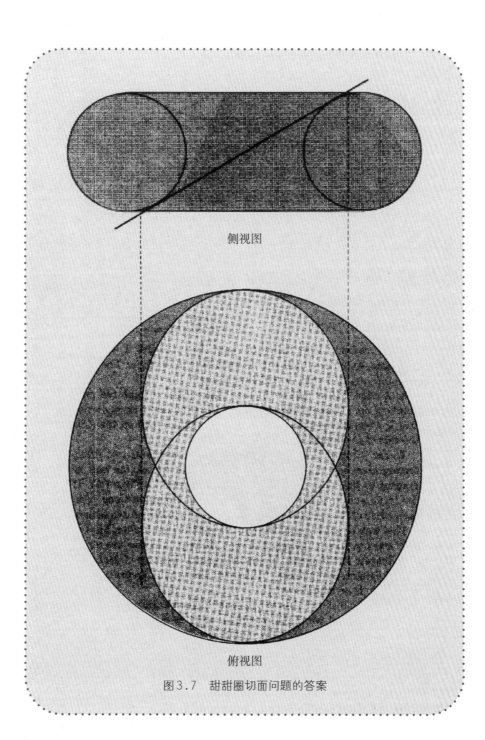

侧视图

俯视图

图3.7 甜甜圈切面问题的答案

种方式。

5. 图3.8显示如何利用一条直线将阴阳二等分。通过划出两个虚线的半圆即可进行简单证明。圆K的直径是阴阳系统直径的一半,所以圆K的面积为阴阳系统面积的1/4。

取G部分,补充到H部分,所得的部分也是阴阳系统面积的四分之一。G面积与H面积相等,因此G面积的一半等于H面积的一半。二分线将G部分的一半从圆K中分出来,但同时增加了同等面积(H面积的一半),所以二分线以下的黑色部分面积一定等于圆K的面积。圆K的面积是整个大圆面积的四分之一,所以阴部分被划分出来,阳部分同理可证。

杜德尼在他的《数学趣题》[①]（Amusements in Mathematics）第158题的答案中做出了上述论证。在《科学美国人》上发表以后,有4名读者寄来了更为简单的解决方案。图3.8中,在小圆K中划出

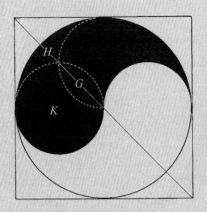

图3.8 阴阳问题的答案

---

① 见上海科技教育出版社引进出版的《亨利·杜德尼的几何趣题》。——译者注

水平的直径。该直径下方的半圆面积是大圆面积的1/8。直径上方是大圆的45°扇形(以小圆水平直径与正方形对角线为边界),显然其面积也是大圆面积的1/8。半圆面积加上扇形面积等于大圆面积的1/4,所以对角线必然平分阴阳。关于用曲线平分阴阳的方法,读者可以参见杜德尼的题目(如前所述书籍)以及特里格(Charles W. Trigg)在《数学杂志》(*Mathematics Magazine*,1960年11—12月刊,第34卷,第2期)107—108页上的"阴阳二分"。

阴阳标志(中国称为太极图,日本称为Tomoue)通常在阳极内画一个小点表示阴,在阴极内画一个小点表示阳。这象征着实际生活中的两极很少是纯粹的,每一极中常常包含着一点儿另一极。关于阴阳系统存在大量的东方文献。基于此标志,劳埃德研究出了好几种智力游戏,将其称为伟大的阴阳系统。杜德尼沿用了他的"阴阳系统"这一术语,奥林·D·惠勒(Olin D. Wheeler)在1901年由北太平洋铁路公司出版的名为《奇境》(*Wonderland*)的小册子中也采用了该词。惠勒在第一章致力于发掘该标志的历史,其中包含了大量令人好奇的信息以及复制于东方文献的彩色图片。关于此标志的更多信息,可以参见卡曼(Schuyler Cammann)在杂志《宗教历史》(*History of Religions*,1961年夏出版,第1卷,第1期)第37—38页中的"中国古代哲学及宗教中的三级幻方",《两面的宇宙》(*Ambidextrous Universe*,基础出版社,1965年)第249—250页,萨顿(George Sarton)的《科学史》(*A History of Science*,哈佛大学出版社,1952年)第1卷第11页。荣格(Carl Gustav Jung)在其著作《易经》(*I Ching*,1929年)中援引了一些英文的参考文献,还有一册霍亨索伦(Wilhelm von Hohenzollern)的著作《中国阴阳系统:历史及意义》(*The Chinese Monad: Its History and Meaning*),尚不知其出版日期及出版社。

6. 答案可能是:一共有4个姐妹,3个是蓝眼睛。如果有n个女孩,其中的b个是蓝眼睛,则随机选取的两个姐妹是蓝眼睛的概率是:

$$\frac{b(b-1)}{n(n-1)}$$

已知其概率为$\frac{1}{2}$,所以问题即为找出b与n的整数值,使上面的算式值为$\frac{1}{2}$。最小的整数值为$n=4,b=3$。较小的值为$n=21,b=15$,但是这种情况极不可能发生,因为那就有21个姐妹。所以最佳答案为一共4个姐妹,3个是蓝眼睛。

7. 玫瑰红城有70亿年的历史。假设该城现在的年代数为x(单位:10亿年);现在人类历史的年代数为y(10亿年)。10亿年前该城年代数为$x-1$,再过10亿年,人类历史将会变成$y+1$。根据题目中的数据可以得出两个等式:

$$2x=y$$
$$x-1=\frac{2}{5}(y+1)$$

在两个等式中,x(该城现在的年代数)应为7;y(人类历史的年代数)应为14(10亿年)。这个题目的先决条件是宇宙创生的"宇宙大爆炸"理论。

8. 根据推测,仅可证明华盛顿高中赢得了3所高中参加的田径运动会上的跳高比赛。在每项比赛中第一、二、三名的得分分别为3个不同的正整数。第一名至少为3分。已知运动会上至少有两项比赛,并且林肯高中(赢得了铅球比赛)最后得分为9分,所以第一名的分数不少于8分。那么可以是8分吗?不可以。因为如果那样的话就只有两项比赛,华盛顿高中不可能得到22分。也不可能是7分,因为这样只允许有3项比赛,不足以使华盛顿高中获得22分。再稍微论证一下,即可排除6、4及3作为第一名分数的可能性,也就是说第一名仅可能是5分。

如果第一名得分为5分,则运动会上至少有5项比赛。(少于5项则华盛顿高中总分不足以达到22分,超过5项将会使林肯高中总分超过9分。)林肯高中铅球比赛得了5分,所以其他4项得分均为1分。华盛顿高中能得22分仅有两种可能方式:4、5、5、5、3或2、5、5、5、5。根据第一种方式,罗斯福高中得分17分(已知得分9分),所以被排除。第二种方式可以使罗斯福高中总分为9分,所以得到图3.9中所示的唯一的正确分数。

华盛顿高中赢得了除铅球以外的所有项目,那么它一定赢得

学校	1	2	3	4	5	得分
华盛顿高中	2	5	5	5	5	22
林肯高中	5	1	1	1	1	9
罗斯福高中	1	2	2	2	2	9

图3.9 田径运动会分数的答案

了跳高比赛。许多读者寄来了比前述简短的解决方案。有两名读者注意到,根据此题只有一个答案的假设,有一条捷径可以解决此问题。

尊敬的加德纳先生:

您知道此题可以不经过任何计算就得到解决吗?利用最后一段中的线索是必须的。等式有一个整数答案表明有一高中赢得跳高比赛是没有歧义的。而且只有该校赢得了除铅球以外的所有项目才可以实现;否则即使算出了比赛得分及项目数,该题也不可能根据已知信息得到解决。既然赢得铅球比赛的学校不是全能选手,很明显全能选手赢得了其他所有项目。因此无须计算,可知华盛顿高中赢得了跳高比赛。

9. 白蚁不可能穿过全部26个小立方体的外部,最后在中心处的小立方体上结束。把颜色交替的小立方体想象成三维棋盘上的棋子,或者是普通食盐晶体点阵中的Na原子和Cl原子,这样就很容易证明。大立方体由13个相同颜色的小立方体及14个另一种颜色的小立方体组成。白蚁的路径是一路穿过颜色交替的小立方体，因此它的路径将包含所有27个小立方体，并且起始和结束时的立方体为14个立方体中的一个。但是中心的小立方体是13个立方体中的一个，因此不可能得到预想的路径。

该题可以作如下概括：偶数阶大立方体(棱长上小立方体的个数为偶数)中具有同种颜色的小立方体个数和另一种颜色小立方体的个数相同。不存在位于中心的小立方体，整个路径可能从一种颜色的小正方体开始，在另一种颜色的小立方体上结束。对于奇数阶的立方体来说，其中一种颜色的小立方体比另一种颜色的多一个，所以整个路径必须是从颜色较多的一组小立方体中开始和结束。在奇数阶为3、7、11、15、19等的立方体中，中心处的小立方体属于较少的一组，所以任何路径都不能在中心的小立方体上结束。在奇数阶为1、5、9、13、17等的立方体中，中心的小立方体属于较多的一组，所以路径可以在与起始小立方体同种颜色的小立方体上结束。一种颜色的小立方体比另一种颜色的多一个的奇数阶的立方体上不可能存在闭合的路径。

采用类似的"奇偶校验"方法可以解决许多二维的智力游戏。例如，国际象棋中的"车"不可能从棋盘一角的格子开始，采用一条经过每个棋格的路径，最后到达棋盘对角的格子。

第 **4** 章

多联骨牌与无缺陷矩形

多联骨牌指棋盘上由若干个正方形相连拼成的有趣图形,1954年由戈隆布(Solomon W. Golomb)推荐给数学界,戈隆布现为南加州大学工程学与数学教授。1957年人们最先在《科学美国人》杂志上讨论多联骨牌,从那时起,多联骨牌成为深受欢迎的数学娱乐游戏,出现了上百个新型多联骨牌谜题以及不同寻常的图形。以下为戈隆布新发现的多联骨牌趣题。

由5个相连的正方形组成的图形称为五联骨牌,共有12种类型的五联骨牌。如果按图4.1所示拼接,则很像字母表中的字母,这些字母为骨牌提

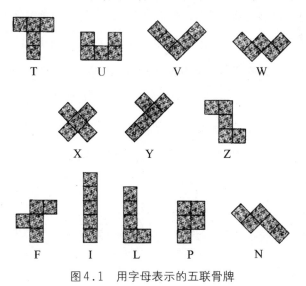

图4.1　用字母表示的五联骨牌

供了简便的名字。为了帮助记忆，人们只需记住字母表结尾字母(TU-VWXYZ)和一个单词FILiPiNo(菲律宾人，FILPN不含i与o)。"

"前面的文章表明，12个五联骨牌一共有60个正方形，可以组成3×20、4×15、5×12以及6×10的矩形，它们都适合8×8的棋盘。这时棋盘上还剩下4个多余的棋格，在任意指定的位置可形成2×2的正方形。对于任何给定的五联骨牌，可以用其他9个五联骨牌组成其3倍大小的图形，即形成一个比例模型，其长度与高度均为给定骨牌的3倍。还可将12个五联骨牌组成两个矩形，每个矩形的尺寸为5×6。"

[最后的构图以覆盖问题而广为人知，因其是用五联骨牌可以完全覆盖的图形。戈隆布提到了5个新的覆盖问题，在此处首次发表。如果读者尚未发现五联骨牌的魅力，强烈建议你们用纸板做一组五联骨牌，然后利用下面的谜题测试一下自己的拼图技能。在所有的谜题中，可以将五联骨牌的任意一边朝上放置。]

1. 将12个五联骨牌分成3组，每组4个。找出3组中每组都可以覆盖的一个由20个正方形组成的图形。图4.2中显示了其中一种答案。

2. 将12个五联骨牌分成3组，每组4个。再将每组中的4个分成两对，找出每组中每两对五联骨牌都能覆盖的由10个正方形组成的区域。图4.3中给出了一种答案。读者能找到其他的答案吗?(包括没有空洞的)

3. 将12个五联骨牌分成3组，每组4个。在每组中增加一块单联骨牌(由一个正方形组成)，组成3×7的矩形，图4.4显示了解决方案。人们认为此

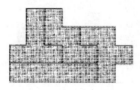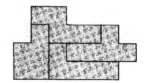

图4.2　其中一种答案

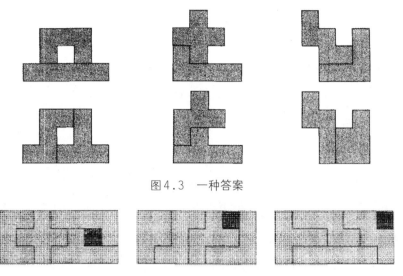

图4.3 一种答案

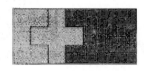

图4.4 唯一一种的解决方案

解决方案是唯一的,只有在第一个矩形中,单联骨牌和Y型五联骨牌可以重新排列,但占据的仍是同一区域。

此唯一的解法与洛伦斯(C. S. Lorens)的建议一致。首先,图4.5所示图形中,X型五联骨牌仅能与U型五联骨牌一起使用。其次,F型和W型五联骨牌都不能用于拼接完整的矩形。而且,由于需要用到U型五联骨牌配合X型五联骨牌,不可能在3×7的矩形中同时使用F型五联骨牌和W型五联骨牌。因此,在图4.4的3个3×7矩形中,第一个矩形中包含X型和U型,第二个矩形中包含W型(不含U型),第三个矩形中包含F型(不含U型)。在列出所有这3种可能的排列并且进行比较(非常费时的娱乐活动)后,人们发现图中所示答案是唯一可能的结果。

图4.5 X型与U型五联骨牌只能一起使用

4. 将12个五联骨牌分成4组,每组3个。找出4组中每组的五联骨牌都可以覆盖的一个由15个小正方形组成的区域。此题尚无答案。另一方面,此题是否无解尚未得到证明。

5. 在棋盘上找出一块最小面积,使12个五联骨牌(每次一块)均适合此区域。最小面积的区域为9个正方形,关于此区域仅有两个合适的例子(图4.6)。

通过依次观察每个五联骨牌是否适合这两个区域可以证明该区域足够大。按照下述方法证明小于9个正方形的区域不可行:假设可以有小于9个正方形的区域,Ⅰ型、X型以及V型五联骨牌需要不超过8个正方形的区域,而Ⅰ型与X型五联骨牌将共同占据3个正方形区域。(或者需要9个正方形,或者最长的直线占据6个正方形——产生不必要的浪费。)此种情况仅有两种不同的方式(图4.7)。但是,此中无论哪一种情况,对于U型五联骨牌来说都需要9个正方形,由此可证8个正方形是不够的,而图4.6所示例子中的9个正方形才足够。

最近,现代电子计算机的出现使得对于各种五联骨牌趣题的计算变得较容易了。《科学美国人趣味数学集锦》(*The Scientific American Book of*

图4.6 两个合适的例子

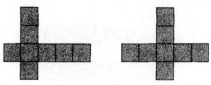

图4.7 仅有两种不同方式

Mathematical Puzzles & Diversions）关于多联骨牌的一章简要介绍了达纳·S·斯科特（Dana S. Scott）在普林斯顿大学编制的MANIAC计算程序，以确定如何将12个五联骨牌放置在8×8的棋盘上、中间留下2×2空格的所有方式。计算机发现共有65种不同的解法（不包括旋转或镜像得到的解）。新近，曼彻斯特大学数学家哈塞格洛夫（C. B. Haselgrove）编制出计算机程序，发现了用12个五联骨牌组成6×10矩形的所有可能方式。他发现了2339种不同的方式（不包括旋转或镜像）！他还证实了斯科特关于8×8棋盘难题编程的有效性。

特殊的五联骨牌图形使得谜题更加精彩。图4.8显示了由12个五联骨牌以及2×2的四联骨牌拼成的有64个正方形的金字塔。图4.9中的十字形仅需要12个五联骨牌拼成，而且通常可以不同。图4.10中所示的图形尚未

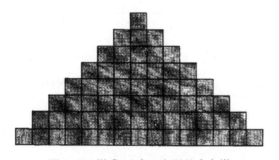

图4.8　拼成64个正方形的金字塔

图4.10　所示图形尚未解决

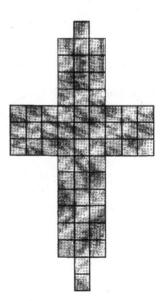

图4.9　拼成的十字形

59

解出（既未解出，也未证明无解）。即使将单联骨牌移到其他位置，仍未找出拼接方法。图4.11显示了已知的最接近图4.10的图形。图4.12显示的赫伯特·泰勒（Herbert Taylor）图形也不可能由五联骨牌拼成，尽管不可行性尚未得到证明。

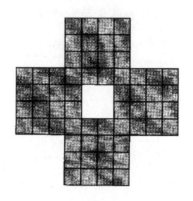

图4.11　最接近图4.10的图形　　　　图4.12　泰勒的图形也无解

幸运的是，并不是所有此类问题都悬而未决。例如，加利福尼亚大学的数学家R·M·罗宾逊（R. M. Robinson）证明，不能用12个五联骨牌组成图4.13中所示的图形。该图形的边界由22个正方形组成。如果分别检查五联骨牌，并且列出组成该图形的每个五联骨牌边缘正方形的最大数，可证明总数为21个，恰好比所需正方形数目少一个。此种推理方法广泛用于解决拼图谜题。将边缘的骨牌与内部骨牌分开，首先拼出图形的边界，这是很常用的方法。

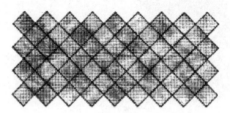

图4.13　用12个五联骨牌不能组成的图形

可以覆盖棋盘上4个小正方形的多联骨牌称为四联骨牌。与五联骨牌不同,5个不同的四联骨牌不能组成一个矩形。为了证明这个问题,按照棋盘的方式(黑白格,参见图4.14)将一个4×5的矩形和一个2×10的矩形(面积都为20个正方形)中的方格涂成黑白色。5种四联骨牌中的4种(图4.15)占据2个黑色和2个白色正方形,但是T型的四联骨牌由3个黑色正方形和1个白色正方形组成。因此,总体而言,5个四联骨牌共覆盖奇数个黑色正方形和奇数个白色正方形。但是,图4.14题中的两个矩形都由10个黑色、10个白色正方形组成,而10是偶数。

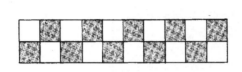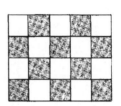

图4.14 将面积为20个小正方形的两个矩形中的方格涂成黑白色

图4.15 5种四联骨牌

另一方面,任意多个不同的五联骨牌与5个四联骨牌可以组成5×5的正方形,图4.16中给出了两个例子。这就提出了一个有趣的问题:按照此方式,需要使用多少个不同的五联骨牌?

图4.16 五联骨牌与四联骨牌组成的5×5的正方形,各需一个五联骨牌

俄勒冈大学数学系研究生朱厄特(在前一章第一个问题的答案中提到了此人)提出了二联骨牌(由2个正方形组成的多联骨牌)问题,与前面刚讨论的问题完全不同。是否可能用二联骨牌组成一个矩形,里面没有直线贯穿整个矩形(垂直或水平)?例如,图4.17中矩形的中心有一条直线从上至下穿过。如果将二联骨牌看成是砖块,此直线表示建筑墙面有缺陷。因此,朱厄特的问题是如何找出没有"裂纹"的矩形墙面。许多尝试此问题的人不久就放弃了,认为找不到答案。实际上有许多种答案。

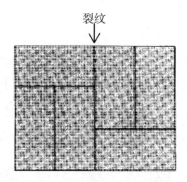

图4.17 用二联骨牌组成的有裂纹缺陷的矩形墙面

请读者制作或找出一组二联骨牌(一组标准的28块二联骨牌远远足够),然后确定用这些二联骨牌是否可以拼成"无缺陷"的最小矩形。后面答案部分提供了这个精彩问题的答案,另外还有戈隆布所设计的完美证明方法——不存在6×6的"无缺陷"正方形。

补　遗

自从该章节在《科学美国人》杂志上发表以后,关于多联骨牌以及无缺陷矩形的研究取得了许多进步。感兴趣的读者可以去仔细研究戈隆布的著作《多联骨牌》(Polyominoes,1965年,斯克里布纳出版社),作者在该书中详尽研究了这个领域,并且提供了许多新的解法。

已经证明泰勒构形(图4.12)以及锯齿形正方形(图4.10)均不可能用五联骨牌组成,尽管证明过程不是非常简洁。关于泰勒构形,我收到安德森(Ivan M. Anderson)、布兰德伯格(Leo J. Brandenburger)、道格拉斯(Bruce H. Douglas)、恩肖(Micky Earnshaw)、弗莱彻(John G. Fletcher)、威廉姆斯(Meredith G. Williams)以及范德普尔寄来的证明过程。关于锯齿形正方形,安东内利(Bruno Antonelli)、布兰德伯格、卡斯泰尔斯(Cyril B. Carstairs)、道格拉斯、恩肖、小迈兰(E. J. Mayland, Jr.)以及纳尔逊(Robert Nelson)提供了不可能存在的证明过程。

英国的林登、萨里(Surrey)找到了一种解决方案,用单联骨牌在边缘处组成锯齿形正方形(在戈隆布著作的第73页上可以找到他的答案)。其他的读者找到了在角上运用单联骨牌拼图的办法。英国萨塞克斯的D·C·冈恩(D. C. Gunn)和B·G·冈恩(B. G. Gunn)寄来了16种不同的图形。尚不知单联骨牌是否可以置于与一个角相邻的边缘。

居住在弗吉尼亚州南波士顿的退休水利工程师巴顿(William E. Patton)写信告诉我,自1944年,他开始致力于二联骨牌组成的无缺陷矩形的研究。他寄来了一些研究成果,其中提到了许多有趣的问题。例如,用相同数量的横向及纵向二联骨牌拼成的最小的无缺陷矩形有多大? 答案是5×8。读者们可以想办法去找出答案。

由二联骨牌(多米诺骨牌)组成的无缺陷正方形引发了许多游戏,据我所知,人们尚未对其中任何一个进行过研究。例如,玩家轮流在一个正方形的棋盘上放置二联骨牌,最先生成裂纹(横向或纵向)的一方为赢家;或者反过来玩,最先生成裂纹的一方为输家。

答　案

图4.18及图4.19显示了金字塔及十字形谜题的答案,这两个答案均不是唯一的。读者要确定哪个五联骨牌可以与5个四联骨牌一起组成5×5的正方形,答案是除了I、T、X以及V之外所有的五联骨牌都可以。

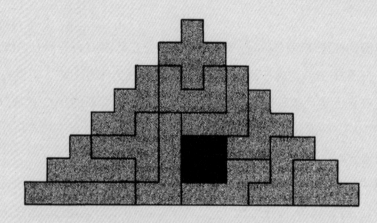

图4.18　金字塔谜题的答案

用二联骨牌拼成的最小无缺陷矩形为5×6(没有直线贯穿整个矩形)。图4.19显示了两个基本的不同解法。

戈隆布写道:"不难证明,无缺陷矩形最小宽度必须大于4。"(宽度为2、3、4的最好分别处理。)因此,既然5×5是奇数个正方形,而且二联骨牌总是覆盖偶数个正方形,那么,5×6的矩形就是最小的矩形。

5×6矩形可以扩展至8×8的棋盘,并且满足无缺陷的条件。图

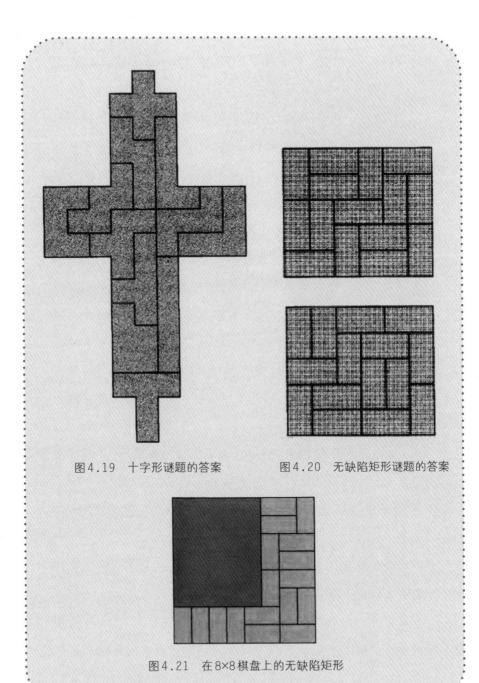

图4.19　十字形谜题的答案　　　　图4.20　无缺陷矩形谜题的答案

图4.21　在8×8棋盘上的无缺陷矩形

4.21提供了一个例子。令人惊奇的是,没有6×6的无缺陷矩形,有一个了不起的证明过程可以证明这一点。

假设任意一个完全由二联骨牌组成的6×6矩形,包含18个二联骨牌(总面积的一半)以及10条网格线(5条横线和5条竖线)。如果每条网格线至少与一个二联骨牌相交,则该矩形无缺陷。

第一步,证明在任何偶数边无缺陷矩形中,每条网格线都要分割偶数个二联骨牌。假定任意一条纵向的网格线,其左侧区域的面积(用正方形个数表示)为偶数个(6、12、18、24或30),则网格线左侧的所有二联骨牌总面积为偶数,因为每个二联骨牌都有两个正方形。网格线所分割的二联骨牌在其左侧的面积必然为偶数,因为该区域是两个偶数的差(左侧的总面积以及左侧未被分割的二联骨牌的面积)。由于每个被分割的二联骨牌在网格线左侧占据一个正方形的面积,因此被网格线分割的二联骨牌一定为偶数个。

6×6的正方形有10条网格线,为了保证无缺陷,每条网格线必须贯穿至少两个二联骨牌,不存在被多于一条网格线分割的二联骨牌,因此至少有20个二联骨牌被网格线分割。但是在6×6的正方形中仅有18个二联骨牌。

同样推理可以证明存在6×8的无缺陷矩形,每个网格线恰好分割两个二联骨牌,图4.22显示了此矩形。

最常见的结果是:如果一个矩形面积有偶数个单位,并且其长度和宽度均大于4,有可能找到用二联骨牌组成的无缺陷矩形(除了6×6的正方形)。实际上,通过5×6以及6×8的矩形可以得到

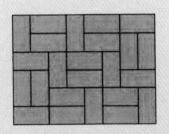

图4.22　6×8无缺陷矩形

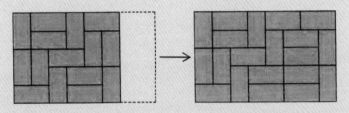

图4.23　无缺陷矩形谜题的通常解决办法

面积更大的矩形。图4.23使得此方法最易解释,横向延长2个单位,一个横向的二联骨牌被置于原来边缘上,而纵向的二联骨牌从原来的边缘移动到新边缘,其中间区域被两块横向的二联骨牌填充。

　　"读者发现将二联骨牌看成砖块进行研究很有趣,尤其是这样的趣题:由两个或多个直三联骨牌(1×3矩形)所拼成的最小矩形是多大(不含裂纹)?

第 5 章
欧拉终结者：10阶希腊拉丁方的发现

数学史上充满了远见卓识的猜想——那些有着深刻数学洞察力的人凭直觉作出的猜测——通常要到数百年后才被证实或者推翻。无论最后结果是上述哪种情况，都是数学界中头等重要的大事。在1959年4月美国数学学会的年会上，宣布的类似大事不止一件，竟然有两件！其中一件我们在此不做重点介绍（证明了超前群论猜想），但是另外一件，伟大的瑞士数学家欧拉①的著名猜想被推翻，却关系到趣味数学中的诸多经典问题。欧拉曾表示过，他坚信某些阶的拉丁方不可能存在。而3位数学家[来自雷明顿·兰德公司的帕克(E. T. Parker)，以及来自北卡罗来纳大学的博斯(R. C. Bose)和施里克汉特(S. S. Shrikhande)]彻底推翻了欧拉的猜想。他们3人找到了创建无限阶拉丁方的方法。而在此之前的177年里，信奉欧拉猜想的专家们都认为这是做不到的。

这3位数学家被其同事称为"欧拉终结者"，他们曾经就这个发现作过简单说明。以下引文来自他们的论述，我加上了点评，以澄清一些概念。或者说，总结一下这篇专业性文章。

---

① 欧拉(Leonhard Euler, 1707—1783)，瑞士数学家和物理学家，近代数学先驱之一。欧拉在数学的多个领域（包括微积分和图论）做出过重大发现。此外，他还在力学、光学和天文学等学科中有突出的贡献。——译者注

"在生命的最后几年里，欧拉写下了一篇长文，记述一种新型的神奇矩阵，他在矩阵的每一个单元格里写上拉丁字母（以区别于希腊字母）。今天这种图形称作'拉丁方'。"

"比如，观察图5.1中左侧的方阵。a、b、c、d 4个字母以每行每列只出现一次的方式填满了方阵的16个格子。另一种拉丁方的格子里填的是相应的希腊字母，如图5.1中间一图所示。如果把两个方阵相叠加（如图5.1中右图所示），就会发现每个拉丁字母与每个希腊字母都组合了，并且每种字母组合只出现一次。如果将两个以上的拉丁方如此组合，便形成了正交方阵，这样组合而成的方阵叫做'希腊拉丁方'。"

图5.1中右图方阵为18世纪流行的纸牌谜题提供了一种解答。谜题是这样的：从一副牌中拿出各种花色的J、Q、K、A排列在方阵中，要使每行每列都有4种点数和4种花色。读者们可能会乐于寻找另一种解答方案，使方阵的两条主对角线也都包含4种点数和4种花色。

a	b	c	d
b	a	d	c
c	d	a	b
d	c	b	a

α	β	γ	δ
γ	δ	α	β
δ	γ	β	α
β	α	δ	γ

$a\alpha$	$b\beta$	$c\gamma$	$d\delta$
$b\gamma$	$a\delta$	$d\alpha$	$c\beta$
$c\delta$	$d\gamma$	$a\beta$	$b\alpha$
$d\beta$	$c\alpha$	$b\delta$	$a\gamma$

图5.1　希腊拉丁方（右图）是由两个拉丁方（左图和中图）叠加而成的

"一般来说，n阶拉丁方是指$n \times n$的方阵，n个不同的符号填满n^2个单元格，每个符号在每行每列中只出现一次。可能存在一组两个及更多个拉丁方，任意两个互为正交。图5.2是4个互为正交的5阶拉丁方，使用数字作为符号。"

0	1	2	3	4
1	2	3	4	0
2	3	4	0	1
3	4	0	1	2
4	0	1	2	3

0	1	2	3	4
2	3	4	0	1
4	0	1	2	3
1	2	3	4	0
3	4	0	1	2

0	1	2	3	4
3	4	0	1	2
1	2	3	4	0
4	0	1	2	3
2	3	4	0	1

0	1	2	3	4
4	0	1	2	3
3	4	0	1	2
2	3	4	0	1
1	2	3	4	0

图 5.2　4 个互为正交的 5 阶拉丁方

在欧拉时代,证明不可能存在 2 阶希腊拉丁方很容易。人们知道有 3 阶、4 阶、5 阶的方阵,那有没有 6 阶的呢?欧拉这样解释:军队中有 6 个团,每个团有 6 位长官,每位长官属于不同的 6 种官阶。能否将这 36 位长官安排到矩阵排列中,并使每一行、每一列都有一位来自不同团且官阶不同的长官呢?

"欧拉指出,n^2 长官问题就是一个 n 阶方阵的排列问题,如果 n 为奇数,或者是能被 4 整除的数时,方阵总是能够排出。他经过广泛尝试后说道:'我经过长期努力得出以下结论:不可能排出完整的 36 格方阵,或者当 $n=10$、$n=14$……这类 n 能被 2 整除但不能被 4 整除的整数时也不可能。'这就是著

名的欧拉猜想。这个猜想可以更正式地陈述如下：$n=4k+2$（k为正整数）时，就不会有成对的正交n阶拉丁方。"

1901年，法国数学家塔里（Gaston Tarry）发表了一项证明，证实欧拉猜想确实适合于6阶方阵，塔里在哥哥的帮助下艰难地完成了这一证明。他只是把所有可能排出6阶拉丁方的方式列出，然后证明没有一对能构成希腊拉丁方。这一证明无疑更强化了欧拉猜想，有几位数学家甚至发表了数条"证明"来证实这一猜想，但是后来发现这些证明都含有漏洞。

随着方阵阶数的增加，所需人手也剧增，因为证明此问题采用的是笔纸详尽列举法。接下来要解决的问题是10阶方阵，其复杂程度已经远远超出笔纸证明可解决的范围。1959年，问题难度大到几乎用计算机也无法完成的程度。在洛杉矶的加利福尼亚大学，数学家们在SWAC计算机上编写了程序，来寻找10阶希腊拉丁方，计算机运行了100多个小时，但一个也没有发现。由于这种搜索局限于所有可能情况中很小的一部分范围，所以不能得出任何结论。据估计，如果欧拉猜想是真实的，那么使用1959年最快的计算机和SWAC计算机所使用的程序，需要至少100年才能完成证明。

"欧拉备忘录的最后一句话写道：'现在，我用一个问题来结束此研究。尽管这个问题本身作用不大，却引导我们得出组合原理以及神奇方阵通用理论中非常重要的结论。'解决欧拉猜想的最初动力来自农业试验的实际需要，被欧拉认为没有用处的研究在受控试验的设计中具有重大价值。这是科学无边界的又一个惊人例证。"

费希尔（Ronald Fisher）爵士现在是剑桥大学的基因学教授，也是世界上最顶尖的统计学家之一。20世纪20年代初，他最先证明了拉丁方在农业研究中的应用。比如，假设要测试一种水稻生长中使用7种农用化肥的最低时间消耗与最低资金消耗，遇到的一个困难就是不同地块的肥力不一，且无规律可循。怎样才能设计一个试验，能够同时测试7种化肥，并且不对肥力差别持任何"偏见"呢？答案是：将稻田分为7×7的正方形"地块"，然后在拉丁方中随机选择使用7种"处置方法"。应用这种方法进行简单的数据分析，就可以消除由于土壤肥力的差异所造成的"偏见"。

假设本测试中水稻种类不只有一种，而是多达7种，能否设计一项试验，把这第四个变量也加进去？（另外3个变量分别是行土壤肥力、列土壤肥力和处置方法。）此刻，答案就是利用希腊拉丁方。希腊字母表示7种水稻种植的位置，拉丁字母表示在哪里使用7种化肥。同样，对结果进行数据分析非常容易。

如今，希腊拉丁方广泛应用于生物、医药、社会学领域的试验设计，甚至营销也不例外。当然，"地块"不一定是土地，可以是牛、病人、树叶、笼子内的动物、注射位置、一段时间，甚至是一位或一组观察人员。希腊拉丁方就是实验用表，横向放置一类变量，纵列是另一类变量，拉丁字母代表第三类变量，希腊字母为第四类变量。例如，医学调查人员想要测试5种药片的效果（有一种是假药），测试对象是来自5个年龄段、5个体重群、患同一种疾病并处于5个不同阶段的患者。从所有可能的5阶希腊拉丁方中随机选择一个，就可供调查人员进行最有效的设计。通过叠加更多的拉丁方可以容纳更多变量，但是，对于任何n阶方阵来讲，永远都没有$n-1$阶方阵可以与之互为正交方阵。

帕克、博斯和施里克汉特于1958年起致力于发现10阶、14阶、18阶和22阶（以此类推）希腊拉丁方，当时帕克作出一项发现，对欧拉猜想的正确度提出了重大质疑。继他之后，博斯研究出一些用于构建大数阶希腊拉丁方的强有力的通用规则。然后，博斯和施里克汉特应用这些规则做出了22阶的希腊拉丁方，因为22是不能被4整除的偶数，这样就与欧拉猜想产生

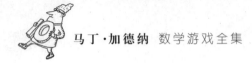

了冲突。应当提一下,有趣的是,构建这种方阵的方法来自休闲数学界一个著名问题的解答。该问题叫做"柯克曼女生问题",是1850年由柯克曼(T. P. Kirkman)提出来的。一位老师每天带着她的15名女学生散步,她总是让她们3人一行,排成5行。问题就是:如何安排位置,能在连续7天的时间里,让每名女生与任一其他女生在同一行上同时仅出现一次。该问题的答案是重要的实验设计"平衡不完全区组"的一个例证。

帕克看到博斯和施里克汉特得出的结果后,研究出了一种新方法,终于做出了10阶希腊拉丁方(如图5.3所示)。一个拉丁方里的符号是数字0至9,将左侧单元格依次填满,每个单元格右侧的数字属于第二个拉丁方。在这个方阵的帮助下(在当今许多有关实验方法的大学教科书里还未承认

00	47	18	76	29	93	85	34	61	52
86	11	57	28	70	39	94	45	02	63
95	80	22	67	38	71	49	56	13	04
59	96	81	33	07	48	72	60	24	15
73	69	90	82	44	17	58	01	35	26
68	74	09	91	83	55	27	12	46	30
37	08	75	19	92	84	66	23	50	41
14	25	36	40	51	62	03	77	88	99
21	32	43	54	65	06	10	89	97	78
42	53	64	05	16	20	31	98	79	87

图5.3 帕克的10阶希腊拉丁方给欧拉猜想提出了反例

其存在),统计学家们终于设计出有4组变量、每组变量有10个不同值的实验,所有变量都可以得到便捷、高效的控制。

(注意:在10阶方阵右下角的3阶方阵是个3阶希腊拉丁方。由帕克及其合作者们最先做出的所有10阶方阵都含有一个3阶子方阵,这样看起来可以通过重新排列大方阵里的行和列来形成较小的方阵。改变行和列的顺序显然并不影响任何希腊拉丁方的属性。这样的排列微不足道,如果能通过改变行和列得出另一个方阵,这两个方阵就可以被认为是"同样的"方阵。曾有一段时间,人们公开讨论是否所有的10阶希腊拉丁方都含有一个3阶子方阵,但随后发现很多方阵没有这个特征,由此证明该猜想是错误的。)

这3位数学家在报告中总结道:"在这个阶段,一边是博斯和施里克汉特,一边是帕克,两边意见达到了高度的一致,证明方法也日臻完善;最终证明了在$n=4k+2$(且$n>6$)时,欧拉猜想是错误的。这个问题困惑了数学家们近两个世纪,却在忽然间被全面破解,这一结果令几位发现者与旁人一样深感震惊。更让人感到惊奇的是,证明中所使用的概念和最前沿、最高深的现代数学完全沾不上边。"

补　　遗

1959年以后,计算机的运算速度大幅提升,数学家们设计出了更高效的解题程序,精确度也显著提高。帕克使用"回溯"技术为UNIVAC1206军用计算机设计了一个程序,该计算机能接受已知的10阶拉丁方,并在28—45分钟的运行时间内,完成其正交方阵的详尽搜索,这比老式的SWAC程序的搜索时间加快了约一万亿倍!结果证明:可以做出数百个新的10阶希腊拉丁方。由此可见,该方阵确实是大量存在的。UNIVAC能够为一半以上随机构建的10阶希腊拉丁方找到匹配的正交方阵。"这样欧拉猜想的错误就显而易见了",帕克写道,"而早期计算机运算提供的证据只能证明搜索量是巨大的"。

令人大失所望的是,在近期有关希腊拉丁方的计算机工作中,到目前为止还未能找到3个互为正交的10阶拉丁方。此前已经证明,与任何n阶拉丁方互为正交的方阵最大可能数为$n-1$个。$n-1$个互为正交的方阵便构成了"完全系",也就是说,2阶拉丁方自身即为完全系。两个互为正交的3阶方阵构成完全系,3个互为正交的4阶方阵也构成完全系。图5.2为4个互为正交的5阶方阵构成的完全系。(当然,其中任意两个方阵叠加即构成希腊拉丁方。)不存在6阶方阵构成的完全系。实际上,甚至连一对互为正交的6阶方阵都不存在,而7阶、8阶、9阶方阵的完全系确实存在。因此,10阶方阵为目前未知但可能存在完全系的最低阶方阵,而是否存在3个正交方阵构成的完全系也还是未知的。

这个问题之所以一直引起人们的兴趣是因为它与"有限射影平面"的联系。现已证实,如果存在互为正交的n阶拉丁方的完全系,则可能派生出一个n阶有限射影平面。相反,如果已知存在n阶有限射影平面,就能得出n阶互为正交的拉丁方的完全系。塔里曾经证明,找不到两个互为正交的6阶方阵,由此也就得出,不存在6阶有限射影平面。2、3、4、5、7、8、9阶的互为正交拉丁方的完全系是存在的(由此也就存在相应阶的有限射影平面),而既未被证明也未被推翻其存在的最低阶有限射影平面为10阶。因此,若能发现9个互为正交的10阶拉丁方构成的完全系,也将同时解答有关10阶有限射影平面存在的重大遗留问题。该问题已经超出了计算机程序的解决范围,只有当计算机运算速度大幅提升,或者有人发现了突破性的新方法时才可能解决。

1959年11月《科学美国人》的封面再现了一幅神奇的油画作品,作者是身为艺术家的该杂志职员卡萨伊(Emi Kasai),如图5.3中显示的10阶拉丁方中的10个数由10种不同的颜色取而代之,所以每个方格内都含有一对不与其他方格重复的颜色组合。图5.4为新泽西州米德尔城威特尔（Karl Wihtol）夫人1960年设计的一幅漂亮的绒绣地毯，即是该杂志封面图案的复制。（将此图顺时针旋转90°即得到与图5.3等价的方阵。）每个方格内的外围颜色形成一个拉丁方，内部颜色形成另一个拉丁方，每行每列中，每种颜色在外围只出现一次，在内部也只出现一次。卡萨伊女士的原作被雷明顿·兰德公司购买，又被作为礼物送给了帕克。

图5.4　基于帕克的希腊拉丁方设计的绒绣地毯

答　案

　　图5.5是一种排列16张点数最高扑克牌的方式,所有点数和花色在每行每列以及两条对角线上都只出现一次。注意4个角上的4张牌以及中间的4张牌,都包含了4种点数和4种花色。如果能有方法使各种颜色在方格内轮流出现就更好了,但这是不可能的。

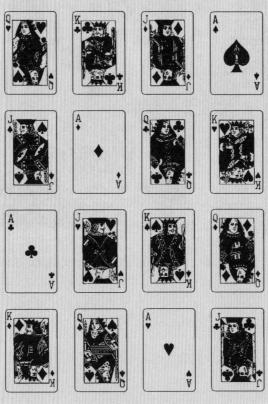

图5.5　扑克牌问题的解答

鲍尔(W. W. Rouse Ball)在《数学游戏及随笔》(*Mathematical Recreations and Essays*)一书中引用了一条1723年有关该问题的信息,认为如果忽略旋转图和反射图,该问题有72种基本解决方法。但是杜德尼在《数学趣题》一书第304个问题中,追溯了巴切(Claude Gaspar Bachet)在1624年一书中提出的观点,指出有72种解决方法这一结论是错误的,应该有144种。这一数字是由布鲁克林的戈登伯格(Bernard Goldenberg)独立计算得出的。此前我也曾给出过错误的答案。

如果只考虑行和列(不计两条对角线),就可能让花色在方格内轮流出现。纽约市的卡弗柯尔(Adolf Karfunkel)给我发来了几种解决方法,下面是其中一种:

QH　KC　JD　AS

JC　AH　QS　KD

AD　JS　KH　QC

KS　QD　AC　JH

只要将图5.5中的第3行与第4行调换,或将第1行与第2行调换,就可以得到其他解决方案。

第 6 章
椭 圆

当第一眼看到圆时，毫无疑问，它吸引人的地方就在于简单；当一眼看到椭圆时，即使是最神秘的天文学家也相信圆的简单就像白痴的茫然微笑；与椭圆能告诉我们的相比，圆无话可说。也许，我们自己在物质世界中寻找宇宙简单性跟圆是同样的——是我们对无限复杂的外部世界的简单心态的投影。

——贝尔[①]

《数学：科学的女王和仆人》

(*Mathematics: Queen and Servant of Science*)

[①] 贝尔(Eric Temple Bell，1883—1960)美国重要的数学史家，美国国家科学院院士，曾任美国数学学会主席。其主要著作《数学大师》(*Men of Mathematics*，由上海科技教育出版社引进出版)是介绍数学史和数学艺术的传世经典。——译者注

数学家们都有研究的习惯,但仅仅是因为有趣,他们研究的内容似乎完全无用。但是几个世纪之后,他们的研究成果竟变成了有巨大科学价值的东西。最能说明问题的一个实例是古希腊人对非圆二次曲线(包括椭圆、抛物线和双曲线)的研究,第一个研究者是柏拉图的学生。直到17世纪开普勒发现行星是以椭圆轨道运行的,伽利略证明落弹轨迹是抛物线时,非圆二次曲线的研究成果才在科学领域得到重要的应用。

公元前3世纪,古希腊数学家、几何学家阿波罗尼奥斯①撰写了有关这些曲线的最伟大的古代著作——《圆锥曲线论》(Conics),在这本书中阿波罗尼奥斯首次说明,3种曲线以及圆可以通过以连续变化的角度切割圆锥得来。如果以一个与其底面平行的平面切割圆锥,则切割出来的截面平行于圆锥底部(见图6.1左上),这个截面是个圆。如果平面倾斜着切割圆锥,倾斜度无论多么小,其切割出来的截面都成了椭圆(见图6.1左下)。平面越倾斜,椭圆拉得越长。或者说,当这位数学家用手拽拉平面进行切割时,椭圆将变得更长更偏心。可能有人会认为,当这个平面切割圆锥越深,切割出来的截面形状会越像梨子(因为平面切割圆锥越深,圆锥更宽),但事实并

---

① 阿波罗尼奥斯(Apollonius of Perga,约公元前262—约公元前190),古希腊数学家,与欧几里得、阿基米德齐名。他的著作《圆锥曲线论》闪耀着古代世界科学成果的光辉。——译者注

非如此。当这个平面与圆锥体的侧边平行之前,切割出来的仍然是完美的椭圆。当平行时,切割出的曲线不再封闭,它的两臂伸向无穷远,曲线变成抛物线(见图6.1右上)。再进一步倾斜平面,使倾斜角度变得更陡(几乎变成垂直),这时如果与一对圆锥体(其上为倒锥体)相交(切割)(见图6.1右下),则这两个圆锥曲线现在是一对双曲线。(认为平面必须平行于圆锥体的轴线才能切出双曲线的看法是错误的。)切割出的一对双曲线在最后变成两条直线之前,它们的形状随着切割平面的不断转动而发生变化。圆、椭圆、抛物线和双曲线这4种曲线称为二次曲线,因为它们是涉及两个变量的所有二次方程的笛卡儿[①]图的形式。

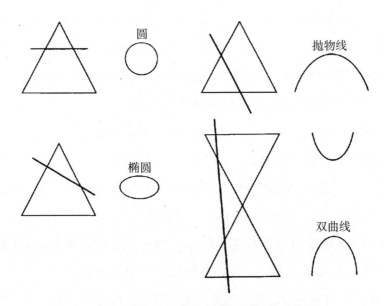

图6.1　四种圆锥曲线(圆、椭圆、抛物线、双曲线)

① 笛卡儿(Rene Descartes,1596—1650),著名的法国哲学家、科学家和数学家。西方近代哲学的奠基人之一,解析几何的创始人。生于法国卢瓦尔省的图赖讷(现称笛卡儿,因笛卡儿得名)。他对现代数学的发展作出了重要的贡献,因将几何坐标体系公式化而被称为解析几何之父。——译者注

　　椭圆是所有平面曲线中最简单的一种,但不属于直线或圆。椭圆的定义可以有多种,最容易掌握、最直观的定义也许是:平面上与两个定点的距离之和等于常数的点的轨迹或路径叫做椭圆。此属性是一个众所周知的画椭圆的方法。在一张纸上固定两个图钉,把一线圈套在两个图钉上,再用铅笔尖把线绷紧,然后握住铅笔绕着这两枚图钉画圈(如图6.2所示),就能画出一个完好的椭圆(线的长度不变,因此铅笔尖离两枚图钉的距离之和保持不变)。这两个固定点(图钉)被称为椭圆的焦点,焦点位于椭圆的长轴上,垂直于长轴的直径为短轴。若将这两枚图钉移得靠近些(线圈不变),则椭圆的偏心越来越小,当两个焦点重合在一起时,该椭圆变成了圆。当两个焦点相距越来越远时,椭圆被拉得越来越长,越来越扁,直至最后变成一条

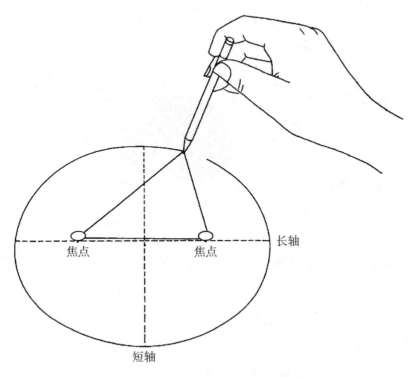

图6.2　画一个椭圆最简单的方法

直线。

还有许多其他的方法可以构造椭圆。一个奇妙的方法是用一只圆形平底锅和一片直径为圆锅一半的硬纸圆板。用胶带把锅子的内缘包起来,以防止纸板绕圆锅旋转时打滑。把一张白纸固定在平底锅底部,用铅笔在圆纸板的任意处戳一个小孔,把铅笔尖顶在锅里的纸上,并让圆纸板围绕着锅内缘旋转(见图6.3)。最终白纸上就会出现一个椭圆。画时最好用一只手轻轻握住铅笔,用另一只手慢慢地旋转圆纸板,使圆纸板紧紧地顶住锅内缘。若戳的孔在圆纸板中心处,铅笔尖最终会画出一个圆。孔离圆纸板边缘越近,椭圆的偏心越大,若孔在圆纸板的圆周上,则画出一条直线。

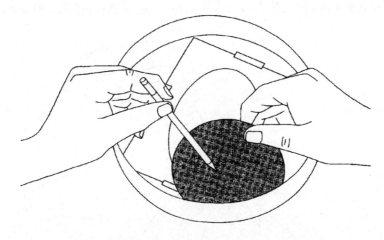

图6.3　用一个圆的平底锅和硬纸圆板作为椭圆规

下面是另一种轻松地画出一个椭圆的方法。用一张纸剪出一个大圆,在圆内某个地方画一个点,但不要画在圆心。然后折叠这张圆纸,使圆纸的周边落在此点上,打开后,换个位置同样再折叠。使圆周边不断落在这个点上,并不断地重复此操作,直到大圆纸在所有方向上形成多条折痕。这些折痕作为切线形成一个椭圆的轮廓(图6.4)。

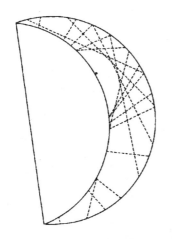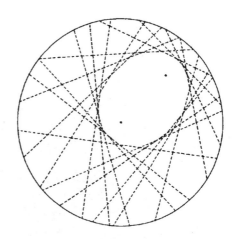

图6.4 反复折叠圆纸,使其边缘落在一个偏离中心的点上,其折痕内切线形成一个椭圆

尽管椭圆不像圆那么简单,但在日常生活中常常能"看到"椭圆曲线。这是因为当我们倾斜观看一个圆时,就会显示出椭圆。此外,圆和球投射在一个平面上的全封闭非圆形阴影也是椭圆。例如,在球体上的阴影——如蛾眉月的内曲线——边缘为大圆,但我们看到的是椭圆弧。将一杯水倾斜(无论杯子是圆柱形还是圆锥形),液面呈现出椭圆形轮廓。

将一个球放在桌面上(见图6.5),在一束光的照射下,球的阴影为一个椭圆,即光锥的一个横截面的形状,此时球正好落在阴影的一个焦点上。我们可以想象,有一个更大的球位于桌面下并与桌面相切,并紧紧地处于同一光锥中,这个大球会在另一焦点处接触阴影。这两个球体提供了以下著名的伟大证明[由19世纪比利时数学家丹特乐林(G. P. Dantlelin)证明],该圆锥截面的确是一个椭圆。

A点是椭圆上的任意一点,画一条线经过A和圆锥的顶点,这条线在D和E点处与两个球体相切。从A到B点画一条线,B点为小球与阴影的接触点;从A到C画一条类似的线,C点为大球与阴影的接触点。AB等于AD,因

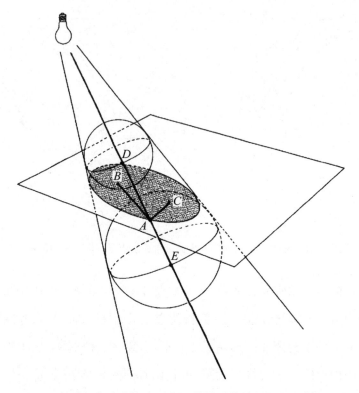

图 6.5 借助大的球体可以证明,较小球体的阴影是一个椭圆

为这两条线都是小球经过同一固定点 A 的切线。同理,AE 等于 AC(大球的切线)。相等的与相等的相加:

$$AD + AE = AB + AC$$

而 $AD+AE$ 就是直线 DE,因为圆锥与球的对称性,无论在椭圆上何处选 A 点,这条线 $AD + AE$ 具有恒定不变的长度。若 AD 和 AE 的和是恒定的,那么上述的等式使得 AB 和 AC 的和也是恒定的。因为 AB 和 AC 是 A 点与两个固定点的距离,所以 A 的轨迹一定是一个椭圆,B 和 C 是它的两个焦点。

在物理学中,椭圆常常被视为一个物体在与距离的平方成反比的中心力作用下,其移动的一个封闭的轨道。例如,行星和卫星的轨道都是椭圆的,其焦点之一是母体(星球)的引力中心。当开普勒①第一次宣布他的伟大发现,即行星的运动轨迹为椭圆形时,由于它违背了人们普遍认同的观点——上帝不允许天体运动轨迹不像圆那么完美,他发现自己必须为此作出道歉。开普勒把他的椭圆轨迹论视若粪土,而被迫这么说的原因,是要扫掉天文学中长期存在的大量保护圆形轨道一说的粪土言论。开普勒自己没有找出为什么行星和卫星的轨道是椭圆形的原因,后来牛顿根据引力的性质推断出来。即使是伟大的伽利略,在面对大量证据时,直到去世仍然相信行星的轨道是圆形的。

图6.6清楚地说明了椭圆的一个重要的反射特性。画一条直线,在任意一点与椭圆相切,从此点到焦点的两条直线与切线形成两个等角。若我们把椭圆看作立在平坦表面上的金属带,那么从一个焦点出发的沿直线运动的任何物体或波脉冲,撞击边界后将直接反弹到另一焦点。此外,如果物体或波以均匀的速度从一个焦点开始朝着边界运动,不管它的运动方向如何,都会在相同的时间间隔后回到另一焦点处(因为这两点与边界的距离

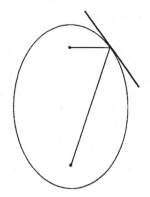

图6.6　切线与两条线形成等角

---

① 开普勒(Johanns Kepler,1571—1630),杰出的德国天文学家,发现了行星运动的三大定律,分别是轨道定律、面积定律和周期定律,这使他赢得了"天空立法者"的美名。——译者注

之和恒定)。想象一下,在一个浅浅的椭圆水箱里注满水,我们将一个手指伸进水里,在椭圆的一个焦点处制造出一个圆形脉冲波,片刻之后在另一个焦点处就会出现同样的圆形波。

刘易斯·卡罗尔(Lewis Carroll)发明并出版了关于圆形台球桌的小册子。我知道对于椭圆台球桌人们还没有严肃的提议,但斯坦豪斯[Hugo Steinhaus,在他的由牛津大学出版社最近新发行的《数学快照》(*Mathematical Snapshots*)修订版中]对球在这种球桌上的运动给出了令人惊讶的三重分析。把球放在一个焦点处并从任意方向击球,球会在边缘反弹并通过另一个焦点。假设没有摩擦阻碍球的运动,那么球在每次反弹后都不停地通过焦点(见图6.7上图)。然而,球仅运动几次,其运动轨迹就趋同于椭圆长

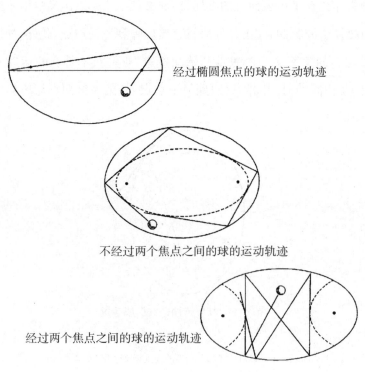

经过椭圆焦点的球的运动轨迹

不经过两个焦点之间的球的运动轨迹

经过两个焦点之间的球的运动轨迹

图6.7 斯坦豪斯对台球运动轨迹的分析

轴了。若球不是放在一个焦点上，球的运动不经过两个焦点之间，它永远会沿着焦点相同的较小椭圆的切线轨迹运动（见图6.7中间图）。若球是在两个焦点之间运动（见图6.7下图），则球会永无休止地沿着焦点相同的双曲线之间的路径运动。

在《日本天皇》（*The Mikado*）一书中有几句话描写了一位台球选手被迫打球的情景：

> 一块不合标准的桌布，
>
> 一支扭曲的球杆，
>
> 和椭圆形的台球！

在《艺术家年轻时的肖像》（*A portrait of the Artist as a Young Man*）一书中，乔伊斯的老师引用了上述这几句话，然后解释说，使用椭圆形这个词时，作者真正指的是椭球体。什么是椭球体？椭球体有3种主要类型，一种是旋转椭球体，更确切地说是一种球体，通过围绕任一轴旋转获得的表面为椭圆形的物体。若围绕着短轴旋转，产生的是一个扁球体，就像地球，在两极处是扁平的。若围绕着长轴旋转，就会产生一个橄榄球形的扁长球体。想象一下，这种扁长的球体表面内侧是一面反射镜，若在一个焦点处点燃一支蜡烛，则放在另一个焦点处的一张纸会起火燃烧。

耳语厅是配有扁球形天花板的房间，在一个焦点上产生微弱的声音，在另一个焦点处可以清楚地听到。美国最著名的回音廊就在华盛顿特区的华盛顿国会大厦的雕像厅里（没有导游，也不需要示范）。比较小但效果好的耳语厅位于纽约大中央车站下层的牡蛎酒吧门外的广场上。两个人分别站在广场斜对角处，面对墙壁，即使在广场搞活动到处是喧闹声的情况下，双方都可以清楚地听到对方的声音。

无论是扁平形还是扁长形球体,若用一个垂直于3个坐标轴之一的平面切割,其切出来的横截面都为圆形;若用一个垂直于2个坐标轴的平面切割,则生成椭圆形截面。当3个轴长度不等,并且垂直于每条轴的截面是椭圆时,产生的是一个标准的椭球体(见图6.8),它也是海滩上经过海浪长时间冲刷后的鹅卵石的形状。

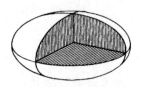

图6.8　椭球体的每个截面都是椭圆形的

有关椭圆的"脑筋急转弯"(智力题)比较少,下面是两个简单的题目。

1. 证明:在一个非圆形的椭圆上,画不出正多边形,只能画出一个正方形,且该正方形的4个角都在椭圆的周长上。

2. 在用折纸的方法构造出一个椭圆时,解释:最初的纸圆的圆心和圆周上取的点是椭圆的两个焦点,证明由折痕构成的曲线是真正的椭圆。

补　遗

在《现代谜题》(*Modern Puzzles*)第126个难题中,杜德尼解释了用绳与图钉画椭圆的方法,然后提问:如何利用已知的长轴和短轴画出一个椭圆? 方法很简单:

首先画出长轴和短轴,然后利用这两条轴找到椭圆的两个焦点A和B,令C为短轴的端点。长轴上的A点和B点以短轴(经过C点)为对称轴,因此AC和CB分别等于长轴长度的一半。这就很容易证明,长度等于三角形ABC周长的绳圈能用于画出一个所求的椭圆。

1964年美国开始真正销售椭圆台球桌,当年7月1日的《纽约时报》(*The

New York Times)上一条整版广告宣布,第二天百老汇明星伍德沃德(Joanne Woodward)和保罗·纽曼(Paul Newman)将在斯特恩百货商店介绍这种游戏的玩法。椭圆台球桌是美国康涅狄格州托灵顿的弗里戈(Arthur Frigo)的专利发明,后来他作为研究生毕业于斯克内克塔迪联合大学。椭圆台球桌的一个装球的袋子位于其中一个焦点处,很容易让球形成许多怪异的球路。

《大英百科全书》(*Encyclopaedia Britannica*)第11版在有关台球的解释下有一个注解,写道"一种经过改变而成的椭圆形桌子,于1907年引进英国"。这种台球桌和卡罗尔的圆形台球桌都没有装球的袋子。1964年7月颁发给美国加利福尼亚州埃德温·E·罗宾孙(Edwin E. Robinson)的设计专利(专利号198 571)是有4个装球袋子的圆台球桌。

答 案

1. 在一个椭圆上画不出比正方形更多边数的正多边形的原因是:所有正多边形的顶点都位于同一个圆周上,而一个圆不可能有4个以上的点相交于一个椭圆,因此不可能画出一个比正方形的边还多的、且还要所有角都在一个椭圆上的正多边形。这个趣题是由克拉姆基(M. S. Klamkin)为《数学杂志》1960年9—10月合刊提供的。

2. 用纸能折叠出一个椭圆的证据如下:图6.9中的 A 点是一张圆纸上的任意一点,但不是圆的圆心(O 为圆心),将这张纸折叠起来,使得在圆周上的任意点(B)与 A 重合,沿着 XY 折这张纸,因为 XY 是 AB 的垂直平分线,BC 肯定等于 AC。显然,OC+AC=OC+

CB，$OC+CB$是圆的半径，这是恒定值，因此$OC+AC$也一定是常量。因为$OC+AC$是C点与固定点A和O的距离之和，所以C的轨迹（当B点围绕着圆周运动时）一定是一个椭圆，A和O则为其两个焦点。

　　折痕XY在C点与椭圆相切，因为它与将C连接到焦点的连接线形成等角，若知道$\angle XCA$等于$\angle XCB$，就很容易证明这点。$\angle XCA$等于$\angle XCB$就意味着又等于$\angle YCO$。由于折痕总是与椭圆相切，该椭圆就变成折痕切点的无限集合，即纸张经反复折叠后产生的包络线。这一证明取自约翰逊（Donovan A. Johnson）编写的小册子《数学课堂上的折纸》（*Paper Folding for the Mathematics Class*），由数学教师全国委员会在1957年出版。

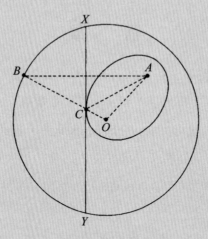

图6.9　折叠纸趣题的答案。

第 **1** 章

考克斯特教授

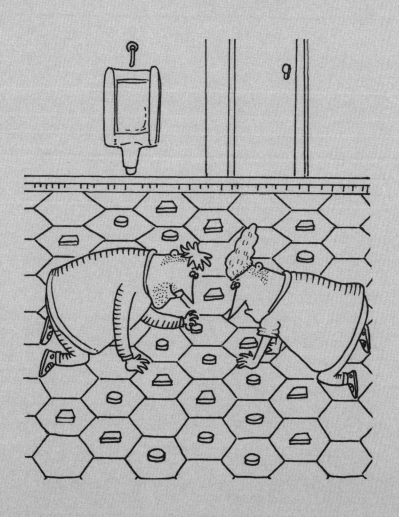

大多数职业数学家喜欢偶尔在数学的运动场上玩闹一番，就像偶尔下一盘象棋，这只是想放松一下，他们并不想过于投入。换句话说，很多既富有创造力又博学的谜题设计者只具备最基本的数学知识。难得的是，多伦多大学的数学教授考克斯特①却能够集数学精英与数学游戏权威两种身份于一身。

考克斯特1907年出生于伦敦，后在剑桥大学三一学院主修数学。在专业方面，他著有《非欧几何》(*Non-Euclidean Geometry*, 1942)、《正多面体》(*Regular Polytopes*, 1948)和《实射影平面》(*The Real Projective Plane*, 1955)。在非学术领域，他编辑并更新了鲍尔的经典著作《数学游戏及随笔》，还为多本杂志写过数十篇趣味数学方面的文章。1961年，威利公司出版了他的《几何入门》(*Introduction to Geometry*)一书，这本书也是本章的主题。

考克斯特的《几何入门》在很多方面都可圈可点，总体来说，它的内容涉及范围极广，涵盖几何学的每一个分支，包括非欧几何、结晶学、群组、晶格、测地线、矢量、射影几何、仿射几何和拓扑学等——这些主题通常都不

---

① 考克斯特(Harold Scott MacDonald Coxeter, 1907—2003)，20世纪伟大的几何学家。1936年前往多伦多大学，1948年成为教授，在多伦多大学工作60年，出版了12部著作。他的研究中最著名的是正多面体和高维几何。——译者注

会在入门类书籍中出现。他的写作风格清晰、明快,最突出的特色就是技术性强。该书需要读者慢慢研读,认真揣摩,但有一个亮点是:整本书对大量材料进行了浓缩,处处传递着作者考克斯特的幽默和发现数学之美的敏锐目光以及他对娱乐的热情。大多数章节开篇的文学名言引用得恰到好处,有很多来自卡罗尔,结尾的练习多为形式新颖而又能激发读者思考的谜题。大量章节以具有高度趣味性的问题和主题贯穿全篇,其中一些问题在《科学美国人》趣味数学丛书的本卷和前面两卷中讨论过,不过讨论的问题更为基础,包括黄金比例、正多面体、拓扑奇想、地图着色、球体堆积等。

有趣的课外信息为正文锦上添花。比如,有多少人知道1957年B·F·古德里奇公司获得了默比乌斯带的专利权?这项编号为2784834的专利的主角是一条连接两个轮子的橡胶带,用于传热或研磨物质。把这条带子从大约中间的位置扭转过来,带子两面的磨损就几乎相同了——或者说其实就是一个面。

又有多少读者知道,格丁根大学的一个大箱子里放着一部手稿,上面写着如何用尺规作出有65537条边的正多边形?一个有素数边的多边形可以用一种经典方法画出,条件是其边数为一种叫做"费马素数"的特殊素数(费马素数可以表示为 $2^{(2^n)}+1$)。目前已知的费马素数只有5个:3、5、17、257和65537。考克斯特告诉读者,那个可怜的家伙花了10年时间才完成这个有65537条边的正多边形。没有人知道用尺规是否能作出边数更多的素数正多边形。即使能做,也不会真的有人做出来,因为其边数将是天文数字。

读者可能认为简单的三角形已经被古人研究得很透彻,很难再有什么新发现。但是三角形最重要的定理——欧几里得应该很容易发现却没能发现的定理——近些年才被发现。考克斯特讨论的一个重要例子就是莫利定理,该定理于1899年被作家克里斯托弗·莫利(Christopher Morley)的父亲、约翰·霍普金斯大学的数学教授弗兰克·莫利①最先发现。考克斯特写道,在数学界,这一定理先是快速地被人们口头传播,直到1914年才公开发表。保罗·古德曼(Paul Goodman)和帕西瓦尔·古德曼(Percival Goodman)在他们精彩的小书《社群体》(Communitas)第五章中提到那些人们享用过却没有耗尽的东西时,举出的一个令人喜悦的例子正是美丽的莫利定理。

图7.1证明了莫利定理。画任意一个三角形,将其内角各三等分,等分线总是两两交汇在一个等边三角形的顶点上。这个小等边三角形(被称做"莫利三角形")的出现是令人始料不及的。莫利教授写过几本书,也在许多领域做过重要的工作,但真正让后人永远记住他的正是这个定理。为什么之前没有人发现呢?考克斯特认为,也许是因为在传统的限定中,内角无法进行三等分,所以数学家们习惯于绕开有关内角三等分的定理。

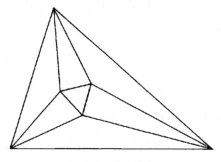

图7.1 莫利定理

20世纪另一个取得了广泛名声的三角形定理如图7.2所示。如果三角形两个底角的内角平分线长度相等,那么凭直觉,这个三角形无疑是等腰三角形。但是怎么证明呢?这可谓基础几何领域最暗含欺骗性的题目

---

① 弗兰克·莫利(Frank Morley,1860—1937),英国几何学家,代数方面亦有所贡献,最重要的成就是莫利三角平分线定理。曾任美国数学学会主席及美国《数学杂志》编辑。莫利喜欢设计数学谜题并是位优秀的棋手。——译者注

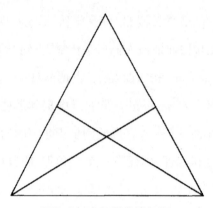

图7.2　内角平分线问题

了。其逆定理——等腰三角形底角的内角平分线长度一定相等——又把我们的思路带回到了欧几里得几何学,这样证明起来就很容易了。这个定理只是"看起来"同样容易证明,事实上证明起来却极难。每隔几个月,就有人请求我给出这个问题的证明。我通常用亨德森(Archibald Henderson)一篇文章中的话来回复,该文章于1937年12月发表于《伊莱沙·米切尔科学学会杂志》(*Journal of the Elisha Mitchell Scientific Society*)。亨德森把他这篇接近40页的论文称为"终结所有关于内角平分线问题论文的内角平分线问题论文"。他指出,许多已经发表的证明,包括一些著名数学家的证明,都是错误的。他给出了10种有效证明,每一种都很长很复杂。所以,在考克斯特的书里发现一种新的证明方式给人以巨大的惊喜,而且证明方法非常简单,只要作4条线就完成了。

　　每当有人发现了美妙的新定理,考克斯特就会很受触动,把它们用诗文记录下来。一个有趣的当代例证就是《精确之吻》(*The Kiss Precise*),这是著名化学家索迪[①]的一首诗,索迪也是创造了化学中"同位素"一词的人。3

　　[①] 索迪(Frederick Soddy, 1877—1956),英国著名化学家,1910年提出了同位素假说,1913年发现了放射性元素的位移规律,为放射化学、核物理学这两门新学科的建立奠定了重要基础。荣获1921年的诺贝尔化学奖。——译者注

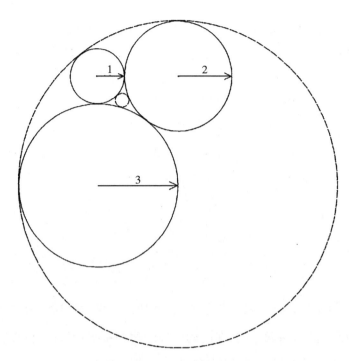

图7.3 索迪的"精确之吻"

个任意大小的圆相互外切,那么总可以画出第四个圆与这3个圆相切。通常可以用两种方式画出第四个圆,其中一种是画一个包含了3个圆的大圆。图7.3中用虚线画出的两个圆就是可能的第四个圆。4个互切的圆之间的大小关系是怎样的呢?索迪在尝试过程中偶然发现了下面这一美丽的对称公式,尽管他后来承认自己也一直没弄懂。公式中,a、b、c、d为4个圆半径的倒数:

$$a^2 + b^2 + c^2 + d^2 = \frac{1}{2}(a+b+c+d)^2$$

整数n的倒数就是$1/n$,任何分数的倒数就是把分子、分母交换位置得出的分数。半径的倒数用来标示圆的弯曲度。例如,包含其他3个圆的大圆的凹曲率被认为是负曲率,作为负数处理。索迪在他的诗里用了"弯曲度"

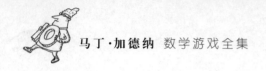

一词来表示曲率。考克斯特引用了索迪诗歌的第二节,内容如下:

> 四圆相切,
>
> 圆越小,弯曲度越大。
>
> 弯曲度正好是圆半径的倒数。
>
> 即便复杂到让欧几里得也无言,
>
> 现在也无须把旧经验照搬。
>
> 零弯曲度是条笔直的线
>
> 凹弯曲度为负弯曲。
>
> 四个弯曲度的平方和是各弯曲度和平方的一半。

索迪的公式为解谜者们节省了大量时间。如果没有这个公式,谜题书里常出现的包括"精确之吻"在内的诸多问题都将很难解决。例如,假设图7.3中的3个实线圆的半径分别为1英寸、2英寸和3英寸,那么两个虚线圆的半径是多少呢?我们可以在圆的内部画很多个直角三角形,再靠毅力用勾股定理求出。但是索迪的公式提供了一种简单方法,只需列一个只含两个根的简单二次方程式,求出的两个根就是两个半径的倒数。正根得出小虚线圆的弯曲度为23/6,则小圆半径为6/23英寸;负根得出大虚线圆的弯曲度为1/6,则大圆半径为6英寸。

想要测试这个公式解决其他问题能力的读者可以考虑如下情形。在平面上画一条直线,直线上有两个"接吻"的球体,一个半径为4英寸,另一个半径为9英寸。那么能够放在同一条线上与这两个球体相"吻"的最大球体的半径是多少呢?如果不用索迪的公式,可以用考克斯特提供的等式,这样计算起来要容易得多。已知3个半径的倒数为a、b、c的话,求第4个半径的倒数的公式如下:

$$a+b+c\pm2\sqrt{ab+bc+ac}$$

从艺术家的角度来看,在考克斯特例证颇丰的著作中,一些最为引人注目的图与他有关对称以及群论在重复图案中作用的讨论相得益彰。重复图案常用于墙纸、地砖、地毯等。考克斯特引用英国数学家哈代[1]的评论说:"他是一位数学家,又像是画家或诗人,他赋予图案以生命。如果他做的图案比别人的图案生命更持久,那是因为他的图案有思想。"当多边形组合到一起,其所填充的平面既无缝隙、也不相交时,就构成了镶嵌式图形。正镶嵌图形完全是由正多边形组成的,大小相等,角角相连(也就是说,多边形的角与边不能与另一多边形的边与角接触)。这样的镶嵌图形只有3个:由等边三角形构成的网状图案,由正方形构成的棋盘图案,以及如蜂巢、铁丝网和浴室瓷砖等的六边形图案。正方形与三角形无须角角相连排列就可以填充一个平面,但是六边形不行。

"半正"镶嵌图形是指两种或两种以上正多边形角角相连组合到一起,同一种多边形围绕每个顶点循环排列。这种图形共有8个,由三角形、正方形、六边形、八边形和十二边形以多种方式组合而成(参见图7.4)。所有这些图形都可以设计成精美的毡子图案(其中有些事实上已经投入设计)。除了右下角的图形(由开普勒最先描述)以外,其余所有图形在镜子中的镜像与原图相同。右下角的图形有两种形式,在镜子中互为映像。可以开展这样一项有趣的课外活动:按照所需的大小和形状,用纸板剪出大量多边形,涂上不同颜色,将其填入这些镶嵌图形中。如果不考虑要围绕顶点的限制,同一种多边形可以构成无数种镶嵌图案。(斯坦豪斯在《数学快照》一书中再

---

① 哈代(G. H. Hardy, 1877—1947),20世纪上半叶享有世界声誉的数学大师,是英国数学界和英国分析学派的领袖,对数论和分析学的发展作出了巨大贡献。他培养和指导了众多数学大家,包括印度数学奇才拉马努金和中国数学家华罗庚。——译者注

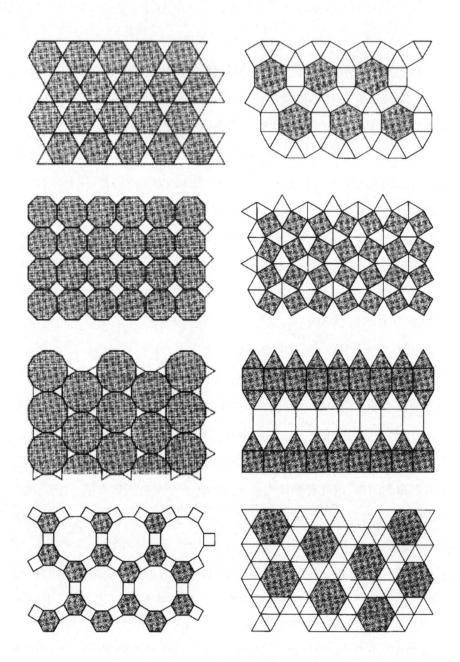

图7.4　8个"半正"镶嵌图

现了这些不规则但对称的镶嵌图形,令人称奇,该书最近由牛津大学出版
社再版。)

用重复图案填充平面形成的镶嵌式图形构成了一个系列,共含17组对
称图形,涵盖了图形在二维上进行无限重复的所有基本方式。这些图形可
以很简单地以基本操作方式得出:沿平面滑动、旋转或镜面反转。这17个对
称组在研究晶体结构时至关重要,考克斯特说道,事实上在1981年,苏联晶
体学家费多洛夫(E. S. Fedorov)就已经最先证明该系列图案的数量为17
个。"重复用一种图形填充平面的艺术13世纪在西班牙发展到了顶峰,西
班牙摩尔人在精美的阿尔汗布拉宫装饰中用到了全部17组图案。他们对
于抽象图形的偏好源于严格遵守《圣经》十诫之第二诫'不可为自己雕刻
偶像……'。"

当然,无须把这种图形的基本图案局限于抽象图案。考克斯特继续探
讨了荷兰艺术家埃舍尔(M. C. Escher)将多个对称图形转化为镶嵌图时使
用的独创方式——以动物形状为基本图案。考克斯特在书中重现了埃舍尔
令人叫绝的镶嵌画,即图7.5中马背上的骑士图及图7.6中的飞鸟图。考克
斯特指出,一眼看去,骑士图是将基本图案沿横轴和纵轴滑动形成的。但进
一步仔细观察可以看出,背景中所填充的也是这一基本图案。实际上,这种
类型中更有趣的对称组是通过"滑移反射"形成的,即滑动同时进行镜面反
转。严格来讲,这种图案并不是镶嵌图,因为基本图形并非多边形。这种镶
嵌图令人好奇,因为其中完全相同的不规则形状像在智力拼图中一样紧密
相连地填充平面。这种抽象图案不难设计,但是要使图案类似自然物体就
不容易了。

埃舍尔是一位以数学结构为乐的画家。有一个令人称道的审美学派,
将所有的艺术都看作是娱乐;而另一个同样令人称道的数学学派,则将所

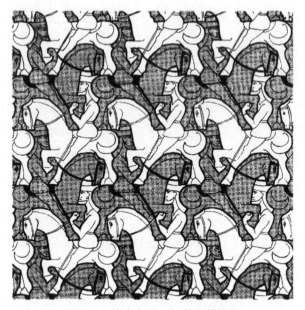

图7.5 埃舍尔的一幅数学镶嵌图

图7.6 埃舍尔的另一幅镶嵌图,该图(彩图版)被1961年4月的《科学美国人》杂志用作封面

有的数学体系看作是根据既定规则利用符号进行无意义的游戏。那么科学本身是否也是一种游戏呢?考克斯特回答这一问题时,引用了爱尔兰数学物理学家辛吉(John Lighton Synge)的话:

"可以说,过去所有伟大的科学家其实都在玩游戏,只是游戏规则并非由人制定,而是由上帝制定的吗?……我们玩游戏的时候,并不会问为什么玩——玩就是了。除了那些不知何故被加诸的奇怪道德规范以外,玩游戏无关道德规范。……要想从科学文献中找到有关游戏动机必然是徒劳的。说到科学家们所观察到的奇怪的道德规范,又有什么能比在这个充满隐瞒、欺骗和禁忌的世界里寻找抽象的真理更奇怪的呢?……考虑到有读者会认为人在游戏的时候大脑处于最佳状态,我自己也玩起了游戏,这使我觉得我所说的话可能含有些许真理。"

这段话的风格与考克斯特的写作风格有异曲同工之妙,这也是他的书被学数学的学生视作瑰宝的原因之一,因为引起了这些学生的共鸣。

补　遗

古德里奇公司并不是第一个为基于默比乌斯带的设计而申请专利的公司。1923年1月16日,德弗雷斯特①就获得了1442682号专利,这是一条无终点的默比乌斯带电影底片,双面都可刻录音频。1949年8月23日,哈里斯(Owen D. Harris)获得了2479929号专利,这是一条默比乌斯带状的砂带。是读者告知我这两项专利的信息,不排除可能还有其他。

关于莫利三角形存在大量文献。考克斯特的证明在他书的第23页,可能

---

① 德弗雷斯特(Lee de Forest, 1873—1961),美国科学家、发明家,被称为"无线电之父"。他发明了电解检波器和交流发射机,并公开演示了用于商业、新闻、军事的无线电报通信装置。他还发明了三极真空管。——译者注

也参照了一些之前的材料。1938年2月，多布斯(W. J. Dobbs)在英国《数学杂志》中提供了有关莫利三角形和其他不同种类等边三角形(比如，通过三等分三角形外角而成)的完整讨论。1943年，贝克(H. F. Baker)在《平面几何入门》(*Introduction to Plane Geometry*)一书的345—349页中论证了这一定理。自从考克斯特的书问世以后，有关这一定理的简单证明已经由班科夫(Leon Bankoff)于1962年10月在美国《数学杂志》223—224页上发表，罗斯(Haim Rose)也在1964年8—9月版《美国数学月刊》(*American Mathematical Monthly*)的771—773页上发表了简单证明。

内角平分线问题(也称斯坦纳—莱默斯定理)涉及的文献范围比莫利三角形还要广。该定理于1840年由莱默斯(C. L. Lehmus)最先提出构想，由斯坦纳(Jacob Steiner)最先证明。这个问题的历史十分有趣，解决方法也是不一而足，可参见麦克布莱德(J. A. McBride)于1943年出版的《爱丁堡数学笔记》(*Edinburgh Mathematical Notes*)第33卷1—13页，以及亨德森于1955年在《数学评论》(*Scripta Mathematica*)第21卷223—312页和1956年第22卷81—84页中的解答。众多大学几何教材也都证明了该定理，包括夏夫利(L. S. Shively)在《现代几何导论》(*An Introduction to Modern Geometry*)第141页，大卫·R·戴维斯(David R. Davis)在《现代大学几何》(*Modern College Geometry*)第61页和考特(Nathan Altshiller Court)在《大学几何》(*College Geometry*)第65页给出的证明。1963年，G·吉尔伯特(G. Gilbert)和麦克唐纳(D. MacDonnell)在《美国数学月刊》70卷第79页也给出了简短的证明。

索迪的诗歌《精确之吻》在费迪曼①的休闲文集《数学饶舌者》(*The Mathematical Magpie*)中整首重印。该书由西蒙和舒斯特公司1962年出版，该诗出现

---

① 费迪曼(Clifton Fadiman，1904—1999)，美国作家、编辑、评论家、广播和电视节目主持人。他曾是"问答节目"和"访谈节目"等广播节目的当家花旦，也曾主持过电视评论节目。——译者注

在其284页上。诗的最后一节把定理推广到球体。第四节推广到n维的超球面,由高赛(Thorold Gosset)撰写,1937年1月9日刊登于《自然》杂志,在费迪曼著作的285页也能找到。

图7.4中出现的(自左至右)第四个半正镶嵌图基于达利①的画,达利将其描述为"50个抽象图形,从2米远的地方看就变化成伪装成中国人的3个列宁主义者,从6米远的地方看则是一只老虎的头"。《时代》(Time)杂志于1963年12月6日在第90页上刊印了该图案的黑白照片。

图7.7再现了埃舍尔又一幅精美的镶嵌图:一幅1942年的石版画,名为《圣言》(Verbum)。埃舍尔称其为图说创世故事。"在Verbum中心(太初有道)星云状的灰色带外出现了三角形图案。这些三角形离中心位置越远,亮暗对比就

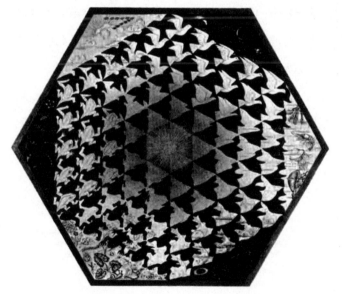

图7.7 埃舍尔的作品《圣言》(1942年的石版画)

---

① 达利(Salvador Dali,1904—1989),西班牙超现实主义画家和版画家。达利是一位具有非凡才能和想象力的艺术家,以探索潜意识的意象著称。1982年,西班牙国王胡安·卡洛斯一世封他为普波尔侯爵。他与毕加索、马蒂斯一起被认为是20世纪最有代表性的3名画家。——译者注

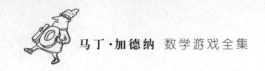

越尖锐。那些原本为直线的轮廓变成了弯曲的锯齿状,而白色渐渐演变为黑色物体的背景,黑色也渐渐成为白色物体的背景。在图案各边缘处,这些形状已经分别演变成了小鸟、鱼和青蛙,而且各得其所,鸟在空中,鱼在水里,蛙在地上。同时,鸟渐变为鱼,鱼渐变为蛙,蛙又渐变回鸟——从顺时针的方向便可捕捉到这种变化。"[以上引言出自《埃舍尔的几何艺术作品》(*The Graphic Work of M. C. Escher*)一书,1961年由伦敦Oldburne出版社出版。]

迈尔文·开尔文(Melvin Calvin)在《星际通讯》(*Interstella Communication*)一书(1963年,由A·G·W·卡梅伦改编,本杰明出版社出版)中有关"化学进化"的文章,再现了这幅石版画。他说第一次见到这幅画是在荷兰一位化学家的办公室墙上。"这些图形交替渐变,相互融合,"开尔文评论道,"转变过程逐渐清晰,在我看来,这不仅代表着生命的本质,也是整个宇宙的本原。"

要欣赏更多埃舍尔的数学艺术作品,请参见1966年4月《科学美国人》杂志中我的专栏,以及其中引用的参考资料。

答　案

　　读者们需要求出置于直线上最大球体的半径(画于平面内),此球体要求与位于同一直线上两个接触的球体相切,后两球的半径分别为4英寸和9英寸。这可以看作是横切面的问题,含有4个相切的圆(参见图7.8),直线可看作是一个零曲率的圆。通过索迪的"精确之吻"公式可得,两个圆(虚线所示)的半径分别为$1\frac{11}{25}$英寸和36英寸。较大的圆是球体的中截面,也是本问题的答案。

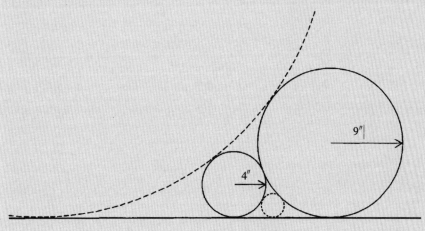

图7.8　数球相"吻"问题的解答

第 8 章

连桥棋牌及其他游戏

人类在游戏中是最具独创性的。

——莱布尼茨

数学游戏,例如井字游戏、西洋跳棋、国际象棋和围棋等都是两人间的竞争,(1) 游戏必须在数步对弈后结束;(2) 不带有随机成分,如掷骰子、纸牌等;(3) 双方都能看到整个过程。这种游戏如果玩家使用自己的最佳策略,那么输赢是有定论的。要么是平局,要么是第一步走的一方或第二步走的一方胜。本章中我们首先介绍两个小游戏,它们的取胜策略是大家熟知的。随后再介绍一款刚刚找到取胜策略的棋盘游戏,以及一款还未发现取胜策略的棋盘游戏。

许多简单的游戏——在棋盘上摆放或拿走棋子——适用对称策略。举一个典型例子,在游戏中,两个玩家在一个矩形棋盘上随意地轮流放置多米诺骨牌,每张牌必须平放在矩形区域内(有足够的牌将棋盘放满),且不能移动之前放好的牌,不留空隙,最后放上牌的人获胜。这个游戏不可能出现平局。如果双方都发挥正常,那么谁会取胜呢?答案是第一个放牌的人。他的获胜策略是在棋盘正中央放第一张牌(见图8.1),随后,如图所示,对手每放一张牌,就在对手所放的这张牌的对称位置上放牌。很明显,无论第二个放牌的人把牌放在什么位置上,都会有一个相对称的空位置留给第一人。

游戏中只要棋子旋转180°后形状不变,上述对称法策略就都适用。例

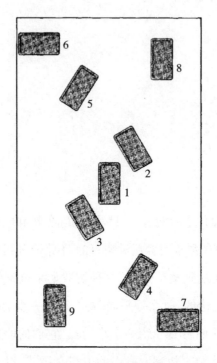

图8.1　多米诺骨牌游戏

如,如果棋子是希腊十字架型的,这个策略便适用;如果棋子是字母"T"形的,该策略则不适用。那么如果用雪茄做棋子呢?答案是肯定的,但因为雪茄的两头有差异,所以第一支雪茄必须利用扁平的一头直立放置!发明这种类型的新游戏很容易,在游戏中,不同形状的棋子按照之前说过的规则轮流放到各式各样的棋盘上。在某些情况下利用对称法能够使第一个或第二个玩家获胜,其他情况下这个策略则不适用。

应用下面介绍的这种不同类型的对称法,能让玩家在接下来的这个游戏中获胜。取硬币若干,在桌子上摆成一个圈,每个硬币只能与它相邻的两个硬币相连。玩家轮流拿走一个或相连的两个硬币,拿走最后一个硬币的玩家获胜。在这个游戏中,总是第二个移动硬币的玩家获胜。在第一个玩家拿走一个或两个硬币后,剩余硬币就形成一条弧形链,如果这条弧形链中的硬币数为奇数,第二个玩家就拿走中间的一个硬币;如果是偶数,就拿走中间的两个。无论是哪种情况,他只需要使分开的两段链长度相等即可。接下来无论他的对手从硬币链中取走一个或两个硬币,他只需要按照规则,从另一个硬币链中同样取走一个或两个硬币就可以了。

游戏理论家经常将这种以及之前提到的策略统称为配对法,即成对(不一定对称)进行的游戏策略。最佳策略就是无论对手走哪一步,接下来的玩家都走相对应的另一步。关于配对策略的典型例子就是拓扑游戏——连桥游戏。这款游戏于1960年上市,颇受孩子们的欢迎。连桥游戏由布朗大学的一位数学家盖尔(David Gale)设计,1958年10月,《科学美国人》刊登的"盖尔游戏"便对此作过介绍。

图8.2所示的便是连桥游戏。如果是在纸上玩的话,玩家1用黑笔画一条直线,连接任意一对相邻的圆点,画线可以水平或垂直,但不能斜着画;

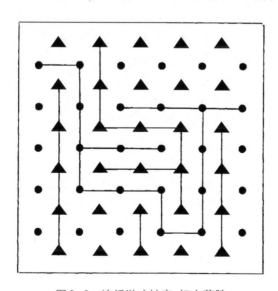

图8.2 连桥游戏结束,红方获胜

119

玩家2用红笔按同样的方式连接一对三角。2个玩家轮流画线,线不能交叉,先将棋盘相对的两边用自己的颜色线连通的玩家获胜。(商场卖的连桥棋盘带有凸点,凸点之间有彩色塑料小桥。)多年来一直有一种广为人知的说法,走第一步的人会获胜,但直到近年,人们才发现真正的取胜策略。

兰德公司数学部的游戏专家格罗斯(Oliver Gross)破解了这个奥秘。得知这个新发现后,我立即写信给他希望了解详情,本以为会收到一封很长的回信,应用专业术语分析各种复杂的步骤。但出乎意料的是,信中只有一个图解(见图8.3)以及下面两句话:第一步按照图解在左下角画线;之后,无论你的对手在哪画线,你只需在这条线的另一头画线即可。这个具有独创性的配对策略能保证走第一步的玩家一定获胜,但是不一定以最少的步骤。格罗斯形容自己的策略,"视对手水平而定,对方水平高,你就精明地和他玩;对方水平低,你就笨拙地和他玩。但是获胜是必然的"。从这个意义上来说是"平等的"。格罗斯发现的策略并非仅此一个,但因这一个简单易懂,

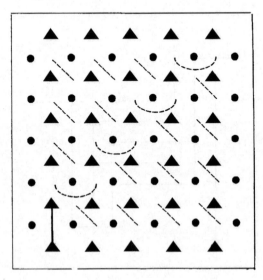

图8.3 应用格罗斯的配对策略可在连桥游戏中获胜

且有明确的规则,适用于任何大小的连桥棋盘,因而成为最佳策略。

注意:图中没有任何线是沿着棋盘边缘的,但在连桥游戏规则中可以这么走(事实上,这种走法都显示在游戏包装盒的面上)。然而这种走法是没有任何意义的,因为这样不能提高任何胜算的概率。如果你正用此策略进行游戏,你的对手走了边缘这一步,你可以在相反的一边走下一步,或者你也可以下在任何地方。如果游戏已经到了后半段,你还可以随意走一步。在棋盘上额外走的步骤有时会成为一个有利条件,绝对不会是没有意义的。当然,因为这个策略已广为人知,现在玩连桥游戏的人中,只有不了解此策略的人才对它感兴趣。

数学分析在很多相对简单的棋盘游戏中变得毫无意义。19世纪风靡英国的一种家庭游戏——哈尔马棋(跳棋的一种)就是一个典型例子。1898年,夏(George Bernard Shaw)曾写道:"典型的英国人的生活方式就是家家都静静地读书、看报或下哈尔马棋……"[引自《最新扑克游戏规则大全》(*The New Complete Hoyle*)]

最初的哈尔马棋(源于希腊语的"跳跃"一词)的棋盘每边有16个方格,但很快就演变成大小不同、形状各异的棋盘了。现代中国跳棋就是哈尔马棋后来众多变化种类中的一种。此处,我只解释一种简化版的(常见的8×8棋盘)哈尔马棋,并引出一个至今仍未解决的趣味纸牌谜题。

游戏开始时,棋子都按规则摆好。走法与跳棋相同,以下几点例外:

1. 跳棋不能拿走;

2. 可以跳过任一颜色的棋子;

3. 可以回走,也可以往回跳;

可以借双方任何颜色的棋子连续跳,但是不能在同一步中既跳又走。游戏的目标是占领对方的起点,先占领者获胜;如果能使你的对手无法移动也同样获胜。

继续研究下面的这个难题,或许更能让人意识到哈尔马棋这类游戏的难度。把12个棋子摆在棋盘起始位置的黑色方格前3排,其他方格都空着。你最少用几步,可以将棋子全部跳到棋盘对面的3排中去?游戏规则是:可以斜着向前或向后将棋子移到临近的黑色方格中,或者跳过一个或多个棋子连续向前或向后跳,这样也算一步。在哈尔马棋中,如果可以跳,不跳也是允许的;即使可以继续往下跳,你也可以随时随地在你想停的地方停下。为了便于记录解决方案,我们将黑色方格从左到右、从上到下编号为1—32。

补　遗

自关于棋牌问题的20步方案公布之后,很多读者来信认为至少需要18步。有一位加利福尼亚弗雷斯诺市的读者鲍斯瑞斯(Vern Poythress),寄来了他的最少20步的方案。因为内容很长,在此就不作详解了。

我在第二册《科学美国人趣味数学集锦》一书中指出过,连桥游戏与香农(Claude E. Shannon)发明的转换类游戏"鸟笼"是一样的。克拉克(Arthur Clarke)曾在他的一篇短篇小说《和平主义者》(*The Pacifist*)中描绘过香农的游戏,之后该游戏又出现在费迪曼的选集《数学饶舌者》37—47页(西蒙和舒斯特出版社,1962)和明斯凯(Marvin Minsky)发表在《无线电工程师协会通讯》(*Proceeding of the Institute of Radio Engineers*)的"人工智能"一文中(第49卷23页)。除了由哈森菲尔德兄弟公司所生产的连桥游戏外,现如今又出现了一种更为复杂的版本,它运用国际象棋中马的移动方式,在市面上以通桥棋(Twixt)命名,由3M品牌书架游戏公司推出。

独立于格罗斯的发现,威斯康星大学的美军数学研究中心的雷曼(Alfred

Lehman）也发现了一种关于连桥游戏的取胜策略。雷曼找到了一个万能策略，可以用于包括连桥游戏（鸟笼）在内的所有香农棋牌游戏。雷曼给我写信说，他在1959年3月就发现了这个策略，并在陆军通信兵报告中提及，跟香农也说过大概内容，但是都没有正式出版。1961年4月，他在美国数学协会召开的会议上谈到过此策略，随后，协会的六月公告刊登了关于此策略的摘要。1964年12月，在《工业及应用数学学会杂志》（*Journal of the Society of Industrial and Applied Mathematics*）第12卷687—725页中发表了一篇关于"香农转换游戏的解决方案"的正式而全面的详细介绍。雷曼的策略虽然很接近于一种类似于连桥的拓扑游戏——纳什棋的取胜策略，但是仍然解决不了纳什棋的问题。

1961年，文策尔（Günter Wenzel）基于格罗斯的策略，为IBM公司1401计算机编写了一套连桥游戏程序。这套程序指南在纽约IBM系统研究所影印发行，并于1963年在德国《办公技术与自动化》（*Bürotechnik und Automation*）3月刊上发表。

答 案

　　按哈尔马棋的跳法,将12颗棋子从棋盘的一端跳到另一端。关于这个问题,广大读者踊跃提供他们的答案。其中,30多名读者用23步解决了这个问题,49人用了22步,31人用了21步,14人用了20步。

　　如今,虽然有些读者宣称有一种更简便的方法,最少只需16步,但最少用20步的观点为人们普遍接受。最开始,8颗棋子在奇数排第1、3排上,4颗棋子在偶数排第2排上。到最后,8颗棋子在偶数排第6、8两排上,4颗棋子在奇数排第7排上。很明显,4颗棋子必须同样地从奇数排移到偶数排,这只有当两组的4颗棋子都至少跳一步再平移一步才能实现,因此总步数为16步。

　　想要在20步以内完成是很困难的,事实上仅用20步完成也是很困难的。假如,将黑色方格从左到右、从上到下编上号1—32,在棋盘的左上角留有一个白色方格。我们收到的第一个回复——谢尔顿20步解决方案如下所示:

1. 21—17	6. 22—6	11. 14—5	16. 15—8
2. 30—14	7. 17—1	12. 23—7	17. 8—4
3. 25—9	8. 31—15	13. 18—2	18. 24—8
4. 29—25	9. 26—10	14. 32—16	19. 19—3
5. 25—18	10. 28—19	15. 27—11	20. 16—12

　　这个解决方法是对称的。图8.4显示的是第十步后棋子的位

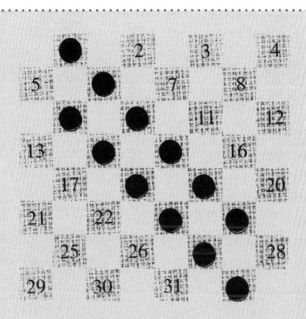

图8.4　十步之后棋子的位置

置。如果现在将棋盘倒过来，并且采用与前10步相反的顺序，那么整盘棋就完成了。据我所知，这是第一个公开发表的20步解决方案，但绝不是唯一的一个。我们收到了其他的20步对称式解决方案和一个任意非对称的解决方案。后一个解决方案是由马驰夫人（Mrs March）提供的，她是唯一一个提供最少步数的女性读者。

125

第 9 章

另外9个问题

1. 排 列 硬 币

如图9.1中上图所示,将3枚1分及2枚1角的硬币间隔摆成一排,问:如何通过走最少的步数,将硬币的位置变成图9.1中下图所示。"每走一步"指用拇指和食指捏住两个硬币(必须1个是1分、1个是1角),沿着虚线将它们一起移到另一处。这两枚硬币必须成对同时移动,左侧的硬币一直在左侧,右侧的硬币一直在右侧。每走一步时允许位置出现空缺(除了最后一步)。

在最后一步走完以后,硬币不必处在开始时的虚线位置上。

如果允许同时移动两枚同种硬币,此游戏将通过走3步很容易地完成:将第1、2枚硬币移到左侧,用第4、5枚硬币填补其留下的空缺,然后将第5

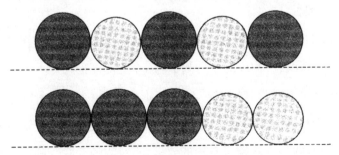

图9.1　1分和1角硬币的智力游戏

枚和第3枚从右侧移至最左侧。但是此题的前提是每次移动的一对硬币必须包括1个1角和1个1分,那么这就成了令人困惑的问题了。第一个引起我关注的解答来自纽约州花园市的读者H·S·珀西瓦里(H. S. Percival)。

2. 烤面包片计时

即使是最简单的家务劳动,实际操作时也会遇到复杂的问题。比如制作3片烤面包并涂上黄油。烤箱是老式的,两侧有铰链门,可以一次放两片面包,但仅烤一面,为了烤两面,必须打开门将面包片翻转。

将面包片放进烤箱,取出以及翻转(不移出)各需要花3秒钟。每次操作都需要两只手,也就是说不可以同时放入、取出或翻转两片面包;也不可能一边往面包片上涂黄油,一边将另一片面包放进烤箱、翻转或取出。每片面包的烤制时间是30秒钟,给面包片涂上黄油需要花费12秒钟。

每片面包仅在烤好之后才涂黄油,一次仅涂一面,一片面包在烤好一面且涂好黄油后可以再放进烤箱烤另一面。烤箱在开始时已经预热,将3片面包两面都烤好并且涂好黄油,最少用多长时间?

3. 两个五联骨牌难题

对于五联骨牌的爱好者来说,有两个新发现的问题,第一个比较简单,第二个比较难。

A. 图9.2中左图为12块五联骨牌拼成的6×10矩形。沿着黑线将矩形分成两部分,重新组合,构成图中右侧带有3个孔的图形。

B. 用12块五联骨牌拼成6×10的矩形,要求每个五联骨牌均与矩形边相连。在上千种可以构成6×10矩形的基本方法中(旋转以及映射属于相同的方法),只有两种方法符合本题的要求。不对称的五联骨牌可以翻转后将

130

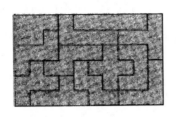

图9.2　五联骨牌难题

任意一边搁在桌子上。

4. 定 点 理 论

一天早上,确切地说是在日出时分,一个和尚开始爬一座高山。有一条窄路(一两英尺宽)绕着高山盘旋,通往山顶上一座金光闪闪的寺庙。

和尚以恒定的速度上山,沿途几次停下来休息,吃随身携带的干果。他在日落不久到达山顶。在斋戒及冥想数日后,他开始沿着同一条路返回,在日出时出发,还是以恒定的速度,沿途同样休息了几次。当然,他下山的速度比上山的速度快。

证明:和尚在上山及下山途中,在同一时间经过小路上同一个地点。

5. 一对数字谜题

下面两个问题看起来需要使用计算机,这样才能在合理的时间段内测试上百种数字的组合。但是采取适当的方法,借助于一两个聪明的规避技巧,仅需很少的计算也可以解决这两个问题。采用此捷径,一名熟练的程序员通常可以节省他的伙伴——计算机——的宝贵时间,甚至有时都无须使用计算机。

A.《Wonderful 的平方根》(*The Square Root of Wonderful*)是最近百老汇

一部歌剧的名字。如果WONDERFUL中每个字母代表一个不同的数字（不含0），根据同一编码规则，OODDF代表平方根，那么Wonderful的平方根是多少呢？

B. 将9个数字（不含0）排成正方形方阵来表示总和可以有好几种方式，根据图9.3中左侧示例所示，318加上654等于972。将9个数字置于一个正方形矩阵，按顺序排列，呈现一根连续的链条也有好几种方式。例如图9.3中右侧所示。可以从1开始，然后像国际象棋的车一样一步走一格，向前走到2,3,4,…一直到9。本题是如何在同一正方形内结合这两者的特征。换言之，将9个数字置于3×3的矩阵中，使其从1到9构成顺时针连接的链条，而且底部的数是前两行数之和。此题的答案唯一。

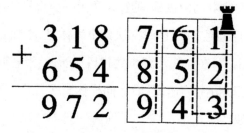

图9.3　可以将两个正方形的特征结合吗

6. 康德是如何设置时钟的？

据说康德[①]是一个生活十分规律的单身汉，以至于柯尼斯堡的人们看到他散步经过某个地标时，会以此为依据调整他们的时钟。

---

① 康德（Immanuel Kant, 1724—1804），德国哲学家、天文学家，星云说的创立者之一，德国古典哲学的创始人。被认为是对现代欧洲最具影响力的思想家之一，也是启蒙运动最后一位主要哲学家。康德的"三大批判"构成了他的伟大哲学体系，分别为："纯粹理性批判"（1781年）、"实践理性批判"（1788年）和"判断力批判"（1790年）。——译者注

一天晚上,康德发现他的时钟停了。显然,他的仆人休假一天,忘了给钟上发条。因为手表被拿去修理,他无法知道正确的时间,所以大哲学家没有重新设置指针。康德前往朋友施密特家。施密特是一名商人,离他家大约一英里远,当康德进入他朋友家门时,看了一眼门厅里的时钟。

在拜访了施密特几小时后,康德离开朋友家,沿着来时的路返回。他像往常一样,迈着几十年不变的稳健步伐,他不知道回家的路上他用了多长时间。(施密特最近才搬到这个地方,康德自己走路时没有计算时间。)不过,当康德回到家后,他立刻准确地设置了时钟。

康德是如何知道准确时间的呢?

7. 已知概率值,猜20个问题

在著名的智力游戏"20个问题"中,一名参与者想象一个物体,比如费城的独立钟或者威尔克[①]左脚的小脚趾,然后另一名参与者通过提出不超过20个问题(每个问题的答案为"是"或"不是"),设法猜出该物体。最佳的方法通常是将可能的物体分成尽可能数目相等的两个子集。因此,如果一个人选定其"物体"为从1—9的一个数字,可以通过不超过4个问题(可能更少)这样的程序猜出答案。通过不超过20个问题,一个人可以猜出从1到2^{20}(即1 048 576)中的任何一个数字。

假设每个被猜测的物体都有一个不同的数值,代表其被选中的可能性。例如,假设一副牌中含有1张黑桃A,2张黑桃2,3张黑桃3……9张黑桃9,一共有45张黑桃。这副牌被洗过后,某人抽了一张牌。你可以通过提问猜出这张牌。现在的问题是:如何做,将可能提问的问题数目降到最低?

---

① 威尔克(Lawrence Welk, 1903—1992),美国最受欢迎的乐团指挥之一,以精致而高雅的节目闻名。——译者注

8. 不 将 死

法贝尔(Karl Fabel)是德国的国际象棋设计家,他设计出了图9.4中所述的反常问题。

最近该图出现在《加拿大象棋杂谈》(*Canadian Chess Chat*)杂志斯托弗(Mel Stover)关于另类棋谜的娱乐专栏中。

问题:白方如何走下一步棋,但不会立即将死黑方?

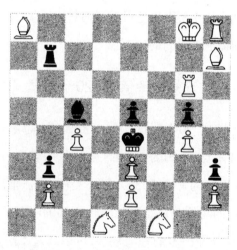

图9.4　白方走棋,但不将死

9. 找出六面体

多面体指的是由平面多边形(面)构成的立体图形。最简单的多面体是四面体,包含4个平面,每个平面都是三角形(图9.5中a)。一个四面体可以有无数种形状,但是,如果我们将其各边形成的网络看成拓扑不变量(也就是说,边长以及边长相交的角度可以做任意改变,但是必须保持网络结构),那么仅有一种类型的四面体。换言之,不可能出现各面根本不是三角形的四面体。

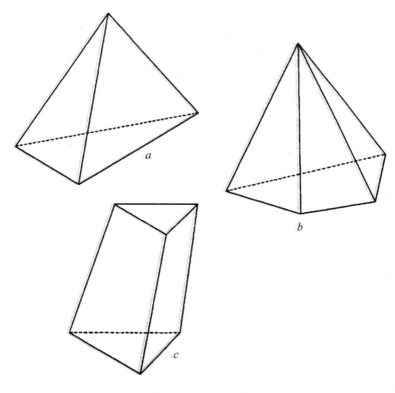

图9.5　3种多面体

　　五面体有两种变体(图9.5中b、c)。一种以埃及大金字塔(4个三角形侧面和一个四边形底)为代表。另一种以切掉一角的四面体为代表,其中3个面是四边形,2个面是三角形。

　　麦克莱伦(John McClellan)是纽约州伍德斯托克的艺术家,他提出了这样一个问题:一共有多少种凸六面体?(如果一个立体图形的每条边都可以平放在一张桌面上,则为凸面体。)当然,立方体是最为熟知的例子。

　　如果通过切掉为人熟知的立体形状的一角寻找六面体,你必须小心地避开重复。例如,如果切掉大金字塔的尖端,形成的结构图与立方体在拓扑学上等价。另外也要小心地避开出现平面扭曲的多面体。

答　案

1. 可以按照如下4步完成"一角及一分"的智力游戏。首先从左到右给硬币编号1—5。

（1）将3、4移动至5右侧，但是与5分开，空出两个硬币的位置。

（2）将1、2移至3、4右侧，让4和1接触。

（3）将4、1移至5和3之间的空缺处。

（4）将5、4移至3和2之间的空缺处。

2. 用两分钟时间可以将3片面包A、B、C在老式烤箱中烘烤并涂上黄油。图9.6显示了实现方法。

在此解决方案公布后，我很惊奇地收到了6名读者的来信，他们认为时间可以减少到111秒。我忽略了将面包烘烤一面，取出，稍后再烘烤完成这种可能性。此种解决方案分别来自：理查德·A·布劳斯（Richard A. Brouse），IBM公司编程系统分析员；加州的琼斯（San Jose）；新泽西州的小戴维斯（R. J. Davis Jr.），通用精密系统公司职员；魁北克省的欧多德（John F. O'Dowd）；纽约州宾汉姆顿的马库斯（Mitchell P. Marcus）；纽约州维斯塔的罗宾斯（Howard Robbins）。戴维斯的解决方案如下所示：

秒	操作
0—3	放入A片面包。
3—6	放入B片面包。

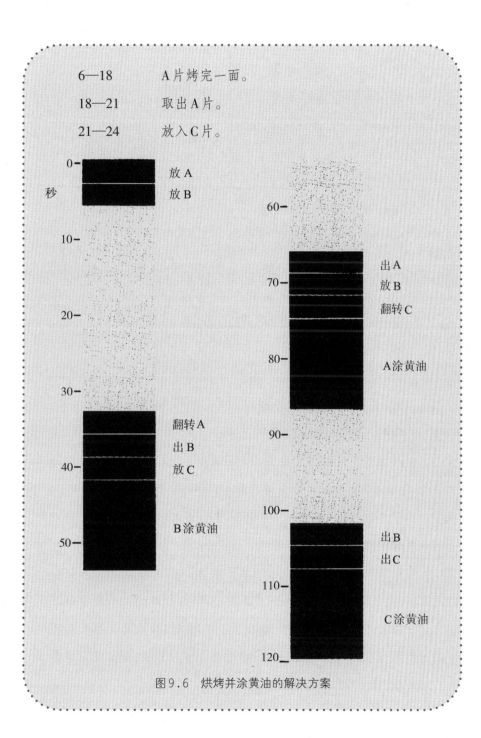

6—18　　　　A片烤完一面。

18—21　　　取出A片。

21—24　　　放入C片。

图9.6　烘烤并涂黄油的解决方案

24—36	B片烤完一面。
36—39	取出B片。
39—42	放入A片,翻面。
42—54	给B片涂上黄油。
54—57	取出C片。
57—60	放入B片。
60—72	给C片涂上黄油。
72—75	取出A片。
75—78	放入C片。
78—90	给A片涂上黄油。
90—93	取出B片。
93—96	放入A片,翻面,完成部分烤好的一面。
96—108	A片完全烤好。
108—111	取出C片。

所有面包片都烤完并且涂上了黄油,不过A片面包还在烤箱内。即使将A片取出完成所有的操作,所需的时间也仅为114秒。

罗宾斯指出:在A片快要烤好整个过程就要结束时,你可以有效地利用此时间将B片吃完。

3. 图9.7显示如何将由12块五联骨牌拼成的6×10矩形分成两部分,然后重新组成7×9(有3个孔洞)的矩形。图9.8显示由12块五联骨牌(每块都落在矩形边上)拼成6×10矩形唯一可能的两种模式。第二种模式很值得注意,因为它可以分成(像之前五联骨牌问题中的矩形)全等的两部分。

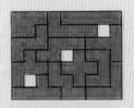

图9.7 由12块五联骨牌拼成的6×10矩形可以重组成7×9(有3个孔洞)的矩形

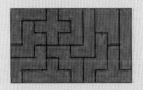
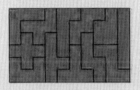

图9.8 6×10矩形中的所有五联骨牌都落在矩形的边上

4. 有人某天去爬山,改天下山。在上山和下山的两次行程中,是否在同一时间经过途中同一点?俄勒冈大学的心理学家海曼(Ray Hyman)让我开始关注这个问题,他继而在德国格式塔心理学家邓克尔(Karl Duncker)名为《找出问题的答案》(On Problem-Solving)专著中发现了此题。邓克尔提到他不能解决此问题,并且他给其他人出此题目时别人同样难以解决,他对此感到很满意。关于此题有几种解决方法,海曼写道:"但是没有一种方法比下述这种方法更清楚:在同一天让两个人分别上山和下山,他们一定会相遇。按照此做法,该题中难以发现的模糊条件变得豁然开朗。"

5. A. 如果OODDF是WONDERFUL的平方根,那么它代表哪个数字?O不会大于2,否则将会是十位数的平方。它也不可能是1,因为不存在以一个11开头的数,其平方数中第二位数字是1。

因此 O 一定是 2。

WONDERFUL 一定是 22000—23000 之间某个数的平方。22 的平方是 484;23 的平方是 529。由于 WONDERFUL 的第二个数字是 2,可以推测出 WO = 52。

为了使其平方等于 52NDERFUL,22DDF 中的字母相当于哪些数值? 229 的平方是 52 441;228 的平方是 51 984,因此 OODD 是 2 299 或 2 288。

现在可以根据数根①的概念采取规避策略。WONDERFUL 中 9 个数字之和(已知不含 0)为 45,再继续相加(4+5),得到其数根 9。其平方根一定有一个数根,将其平方后,产生一个数根为 9 的数。满足此要求的数根只有 3、6、9,因此 OODDF 一定包括 3、6 或 9 的数根。

F 不可能是 1、5 或 6,因为这将使 F 出现于 WONDERFUL 的末尾。满足数根要求并且实现 2299F 以及 2288F 可能的情况包括 22 998、22 884 以及 22 887。22 887 的平方是 523 814 769,也是唯一一个满足编码单词 WONDERFUL 的数字。

B. 如果将 9 个数字置于 3×3 的矩阵,呈现为一根相连的链条(与国际象棋的"车"走式相同),奇数必须位于中心及四角。具有这种洞察力的话能节省解答此题的时间。像棋盘一样给 9 个空格交替上色,中心的空格上黑色。由于黑色空格比白色多一个,则路

---

① 将一正整数的各个位数相加(即横向相加),若加完后的值大于 10 的话,继续将该数的各个位数进行横向相加,直到其值小于 10 为止,所得的值即为该数的数根。——译者注

径必须起始于黑色空格,并在黑色空格内结束,而且所有的偶数都处于白色空格中。

将所有的偶数置于白色空格中有24种不同的方式,其中有8种可以立即排除,因为2在4的对面,不能按照顺序组成一条完整的路径。快速检验剩下的16种方式,记住左侧上面两个数字之和必须小于10,右侧上面两个数字之和必须大于10。第二点是因为中间上面两个数字是一个奇数和一个偶数,而总和为偶数,这仅在加上左侧数字1时才能成立。图9.9给出了唯一的路径形式,使正方形最底部的数为第一行和第二行数之和。

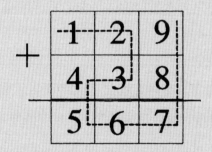

图9.9 数字链问题的答案

当此答案在《科学美国人》杂志上发表以后,纽约市的古德斯通(Harmon H. Goldstone)以及加州科罗拉多的金纳(Scott B. Kilner)来信说,他们使用了更快捷的办法。实际中只有3种不同的"车"行走的路径(不考虑旋转及映射):答案中所示的是一条从一角到中心的螺旋路径,以及从一角到其斜对角形成的"S"路径。每条路径上,数字的顺序可以按任意方向排列,形成6种不同的模式。鉴于其不同的旋转及映射,便可以快速地得到正确的答案。

注意:如果把这个解决方案作一镜像(上面放一面镜子),它形成的正方形中的数字仍然按一定顺序排列,结果是顶上一行的数减去中间一行的数等于底部一行的数。

除了此处所示的一种,数字从1—9如何按顺序沿着相连的路径(同国际象棋的"后"的行走路径一致)排列,特里格提供了仅有的3种解决方案,发表在《趣味数学杂志》(*Recreational Mathematics Magazine*,第7期,1962年2月,35—36页)上,与详尽分析ABC+DEF = GHK的方案同时给出。

6. 康德按照如下方法计算到家的精确时间:他在离家前给时钟上了发条,所以回家后看一眼钟面就可以知道离家有多长时间。他从中减去呆在施密特家的时间(他到达和离开施密特家时核对了门厅的时钟),这就可以知道他在路上花费的总时间。由于他以同样的速度沿着原路返回,所以总时间的一半就是他回家路上所需的时间。这个时间加上他离开施密特家的时刻,就可以得到他到家的准确时间。

南非约翰内斯堡的琼斯(Winston Jones)来信提出了另一种解决办法。施密特先生不仅是康德的朋友,也是他的钟表匠。因此当康德坐下和他聊天的时候,他修好了康德的手表。

7. 第一步是按顺序列出9张牌出现的概率:1/45,2/45,3/45……合并最小的两个概率值得到一个新的项:1/45 加上 2/45 等于3/45。换言之,所选牌是黑桃A或黑桃2的概率是3/45。现在共有8项:黑桃A—黑桃2组合项,黑桃3、黑桃4……黑桃9。同样,合并最小的两个项的概率:黑桃A—黑桃2组的概率3/45以及黑桃3的概率3/45,得到的新项包含黑桃A、黑桃2、黑桃3,其概率为6/45,这个值比黑桃4或黑桃5的概率大。所以在继续合并两个概率最小的项时,需将黑桃4与黑桃5组成一对得到9/45……继续将最小的两项组成一对直至有一项剩余,最后所得的概率值为45/45或1。图9.10显示如何合并各项。所以询问题目的策略是用倒序配对的方法将问题数目最小化。因此询问的第一个问题是:所选牌属于黑桃4、黑桃5及黑桃9这一组吗?如果不属于,接下来的问题在另一组:属于黑桃7或黑桃8吗?以此类推,直到猜中答案。

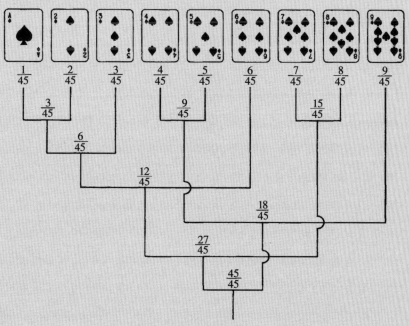

图9.10　在猜测若干物体(有概率值)时使是非问句数目最小化的策略

注意:如果最后牌是黑桃A或黑桃2,则需要提出5个问题才能准确地找到它。二元策略仅将每个问题的各项分成最接近的两部分,确保需要提出不超过4个问题,而且有可能提出3个问题就可以猜到。然而,在长期运用中发现,前述程序使问题数目最少(比预期稍少)出现的机会其实不多。在此情况下,问题最少值为3。

按照以下步骤计算最少问题:如果所选牌为黑桃A,则需要5个问题。如果是一张黑桃2,仍需5个问题,但是如果是两张黑桃2,一共需要10个问题。同样,3张黑桃3需要4乘以3即12个问题。对于所有45张牌需要问题的总数为135,或者每张牌平均问3个问题。

麻省理工学院电气工程师戴维·A·霍夫曼(David A. Huffman)在读研期间最先提出了此策略,并在其论文"最少冗余编码建构方法"中进行了阐述,保存在无线电工程师协会会议记录中(第40卷,第1098—1101页,1952年9月)。不久,齐默尔曼(Seth Zimmerman)重新研究,在其文章"最佳搜索程序"(《美国数学月刊》,第66卷,第690—693页,1959年10月)中进行了描述。皮尔斯(John R. Pierce)在《符号、信号与噪声》(*Symbols, Signals and Noise*, Harper & Brothers 出版社,1961年)从第94页开始从非技术角度阐述了此程序。

8. 在此国际象棋问题中,白方仅需将车向西走4格,可以避免将死黑方。白方将军黑方,但是黑方现在可以自由地利用车吃掉白方将军的象。

当此题在《科学美国人》上发表后,几十名读者抱怨说不可能出现图中的局面,因为在白方格内有两个象。他们忘记了走到最后一行的兵可以升格为任意棋子(不仅是后)。白方失去的两个兵中的任意一个都可以升格为第二个象。

很多大师级比赛中兵都被升格为马,升格为象很少被认可,但是可以想象出满足需要的这种局面。例如,为了避免陷入僵局,或者白方预见在即将将死对方时能利用一个新的后或象。如果升格为后,可能会被黑方的车吃掉,车继而又被白方的马吃掉。但是如果白方升格为象,黑方(未预见将死)可能不愿用车换象,而是让象保持不动。

9. 如图9.11中所示,有7种不同的凸六面体(拓扑清晰的结构

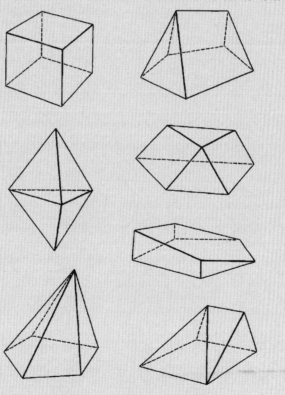

图9.11　7种不同的凸六面体

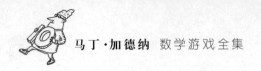

图）。我认为没有更简单的方式证明不存在其他形式的凸六面体。麦克莱伦在他的文章"六面体问题"（《趣味数学杂志》，第4期，1961年8月，第34—40页）中进行了非正式的证明。

第10章

有限差分演算

有限差分演算是数学学科中鲜为人知却极其实用的一个分支,介于代数和微积分之间。卫斯理大学数学家索伊(W. W. Sawyer)希望通过下列益智游戏,介绍差分演算法。

我们让一个人不要去"想一个数字",而要去"想一个公式"。为了使这个游戏更容易理解一些,我们使用二次方程式(未知项的最高次数是2的方程式)来说明。假设让一个人脑海中想 $5x^2 + 3x - 7$,你背对着他,看不到他是如何运算的。你让他用0、1、2分别代替 x,然后告诉你他得到的3个值,他给出的答案是-7、1、19,你在脑海中稍稍计算一下(可以心算),然后就能告诉他原始方程式是什么了。

方法很简单。快速记下他告诉你的值,写成一行,在这一行的下方写下相邻一对数的差,要用右边的数减去左边的数,再在第三行写下上一行的两个数的差,图表如下:

$$-7 \qquad 1 \qquad 19$$
$$8 \qquad 18$$
$$10$$

在设想公式中,x^2 的系数总是图中最后一行数的一半;x 的系数则是最后一行数的一半与中间一行第一个数的差值;而常数则很简单,是第一行的第一个数。

刚才所做的事类似于微积分中的符号运算。如果 y 是方程式的值，那么方程式所表达的就是关于 x 的函数 y。当 x 被赋予简单连续的数（如0，1，2，…），y 也就得到一组连续的值（如-7，1，19，…）。差分演算就是针对于这个序列运算的研究。将简单的方法应用到3个一组的数值序列中，你就能推断出生成这3个数的二次函数。

有限差分演算源于《增量方法》（*Methodus Incrementorum*）一书。该书是英国数学家布鲁克·泰勒[①]在1715—1717年间所著（提出微积分的"泰勒定理"）。关于此类研究（经欧拉等人完善后）的第一部英文版著作由布尔（George Boole）于1860年出版，该书因数理逻辑而闻名。19世纪的代数书常常带有浅显的微积分学内容，之后，除了精算师在制作年度核查表以及科学家在探求公式和插值时偶尔使用，有限差分演算变得鲜为人知。如今，有限差分演算作为统计学和社会科学的重要工具再次流行起来。

作为趣味数学，有限差分演算中的一些基本步骤极其重要。下面我们来看看这个方法是如何应用于切烤饼问题的。烤饼切 n 刀，最多能得到多少块？哪刀和哪刀交叉才能实现？这无疑是一个关于 n 的函数。如果这个函数不是很复杂的话，运用有限差分演算就可以帮助我们解决这个问题。

一刀切出来并不是一块，而是一刀切出二块，二刀切出四块，以此类推。通过试验不难得出这样的一组序列1，2，4，7，11，…（参见图10.1）。像之前的例子一样，我们制作一个图表，排成几行，每行上的数都是上一行邻近数的差值。

[①] 布鲁克·泰勒（Brook Taylor，1685—1731），英国数学家，以泰勒公式和泰勒级数出名。——译者注

刀数	0	1	2	3	4
块数	1	2	4	7	11
第一行差值		1	2	3	4
第二行差值			1	1	1

如果初始的数值序列是由一次函数构成,那么第一行差值将是相同的;如果这个函数是二次函数,那么第二行差值是完全相同;如果是三次函数,那么第三行差值是相同的,依此类推。换句话说,差值的行数就等于函数的次数。如果图表中需要到第十行才得到一组相同的差值,那么你就可以知道生成函数为十次函数。

现在只有两行差值,那么生成函数就是个二次函数,因为这是个二次函数,所以我们可以快速地通过简单的心算得到结果。

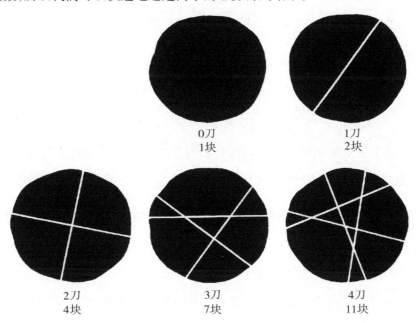

0刀
1块

1刀
2块

2刀
4块

3刀
7块

4刀
11块

图10.1 切烤饼问题

切烤饼问题(图10.1)有两种解释。我们可以把它视为纯理论几何学中的抽象问题(想象中的一个圆被想象中的直线切割),或者是应用几何学问题(真实的一个烤饼被真实的刀切开)。物理学中充满了像这种可以由两种方式来解决的情况,这种情况又包含了根据经验结果得出的公式。而这个结果,便是通过差分演算而来的。一个二次方程式的经典例子就是关于计算出原子最大电子数的公式。从原子核外部开始,得到的一系列数字依次是:0,2,8,18,32,50,…第一行差值数是:2,6,10,14,18,…第二行差值是:4,4,4,4,…再应用关键的一步——心算小技巧,我们就能得到有关核外第 n 层中最大电子数的简单公式 $2n^2$。

如果是更高次数的函数怎么办呢?可以利用由牛顿发现的著名公式。不管图表中的行数有多少,这个公式适用于所有情况。

牛顿的公式假定这列数以函数值 n 为0开始,我们称之为数 a。第一行差值的第一个数为 b,下一行第一个数为 c,以此类推。这一系列第 n 个数的公式为:

$$a + bn + \frac{cn(n-1)}{2} + \frac{dn(n-1)(n-2)}{2 \times 3} + \frac{en(n-1)(n-2)(n-3)}{2 \times 3 \times 4} + \cdots$$

这个公式适用到加号之后的数量为零为止。例如,如果应用到切烤饼问题的图上,我们用1,1,1分别替代公式中的 a,b,c,就能得出 $\frac{1}{2}n^2 + \frac{1}{2}n + 1$ 这个二次函数。(这个公式的其余部分被省略了,因为图表更下面的几行都含有0,d,e,f,…值为0,相乘之后还是等于0,所以整个公式的其余部分加在一起还是0。)

难道这就意味着找到了计算将一块烤饼切 n 刀后产生最大块数的公式了么?遗憾的是,此时我们能说的也就是"可能"。为什么不确定呢?因为任何一列有限数,都可由一个无限大函数生成。(就如同对于某个曲线图上任意有限的点来说,可以通过这些点画出无限长的曲线。)再比如这列数0,1,2,3,…下一个数是什么?人们一般都会猜4。事实上,如果我们就用这个技巧来解读的话,第一行差值都是1,牛顿公式告诉我们,这列数的第 n 个数就是简简单单的 n。但是利用公式 $n+\frac{1}{24} \times n(n-1)(n-2)(n-3)$,同样会一开始生成0,1,2,3,然而接下来的一列数不是4,5,6,…而是5,10,21,…。

这与发现科学规律的方式有着惊人的类似。事实上,经常有不同的方式可应用于解释同样的一些物理现象,而其目的则是推测自然规律。例如,假设有一名物理学家正首次研究物体下落的方式,他注意到一块石头一秒钟下落16英尺,2秒钟下落64英尺,以此类推,他将自己观察到的现象绘制成以下的图表:

0		16		64		144		256
	16		48		80		112	
		32		32		32		

当然,实际的数据不是十分精确,但最后一行数值也不会和32相差太大,所以这个物理学家推定下一行差值是0。运用牛顿公式,他推测一块石头 n 秒下落的总距离为 $16n^2$。但是这个规律却不十分确定,它仅仅代表着最简单的函数,也就是说只解释说明了一系列有限的观察结果,是通过一系列有限的点画出的最低次曲线图。事实上,规律是由更大程度上的观察活动确定的,但更多的观察结果可能会改变规律,这也是可能的。

至于切烤饼问题,即使不是自然行为,而是一种被研究的纯理论的数学结构,其情况也是惊人的相似。就我们目前所知,切第5刀得到的也许不是依公式预测的16块。这样的一次失败可以推翻一个公式,然而有限次的成功（无论多少次）却不能肯定公式成立。"大自然"，正如波利亚[1]所述，"能够回答'是'与'否'，但是它小声说出一种回答，又大声喊出其他答案。它的'是'是暂时的，它的'否'是确定的。"波利亚谈论的是整个世界，不是抽象、深奥的数学结构，但是令人奇怪的是，他的观点同样适用于差异法的函数推测上。数学家们沿着类科学中的归纳法的路径，做出大量猜测。波利亚写了一本伟大著作《数学与猜想》(*Mathematics and Plausible Reasoning*)，介绍它们如何发挥作用。

一些试错实验以及纸上的反复计算表明，一块烤饼切5刀，最多可以切出16块。通过公式的成功推算加强了对公式准确性的论断。但是在这个公式得到严格的论证之前，它还只是一个推断而已（在这种情况下，它是不难做到的）。为什么在数学和科学推断中，最简单的公式经常都是最好的？这是当代科学哲学中颇具争议性的问题之一。然而，没人能够确定"最简式"的含义。

还有一些与切烤饼类似的问题，都可以用差分演算的方法解决。首先要找到一个最佳预测的公式，然后通过演绎法证明这个公式。在一蛾眉月形的平面图形上同时笔直切 n 刀，最多可以切出多少块？若将一个圆柱形蛋糕同时平切 n 刀，能切出多少块小蛋糕？相同大小的圆相交能把平面分成多少份？不同大小的圆相交能将平面分成多少份？不同大小的椭圆相交又能将平面分成多少份？相交的球体则能将空间分成多少个区域？

有关排列组合的趣味问题常包含通过差分演算准确推测出的低阶公式，并且随后（人们希望）能被证明。例如，现有 n 种不同颜色的牙签（无限

① 波利亚(George Polya, 1887—1985)，生于匈牙利布达佩斯，著名的美国数学家和数学教育家，国际哲学科学院和美国艺术和科学学院院士。其研究涉及复变函数、概率论、数论、数学分析、组合数学等众多领域。名著《怎样解题》(*How to Solve It—A New Aspect of Mathematical Method*)由上海科技教育出版社引进出版。——译者注

量），在一个平面上可以摆出多少个不同的三角形?(三角形的3边用3根牙签，思考一下有多少种不同的三角形，旋转不算。)能摆出多少个正方形?用1种颜色或n种颜色的牙签能够摆出多少个不同的四面体?(如果将两个四面体并排摆列，两个四面体的对应边颜色相同，那么这两个四面体相同。)n种颜色的牙签能拼出多少个立方体?

当然，如果一个数值序列产生于一个幂可变的多项式函数，那么就需要利用差值法以外的其他方法了。例如，指数函数2^n可以产生一个序列1，2，4，8，16，…第一行差值仍是1，2，4，8，16，…所以之前所说的步骤就不起作用了。有时，一个看似简单的情形需要费很大的力气才能找到适用的公式。一个很令人头疼的例子是杜德尼所著的谜题书中的项链问题。一条项链由n颗珠子串成，每颗珠子或者黑色或者白色。那么用n颗珠子能串成多少条不同的项链?从0颗珠子起，这个序列为0，2，3，4，6，8，13，18，30，…（图10.2中为$n=7$时的18串不同的项链）。我猜想会有两个公式：一个是关于奇数的，一个是关于偶数的，但是否利用差值法也能得到公式，我就不得而知了。"一个通用的解决方案……即使存在，也很难找到，"杜德尼写

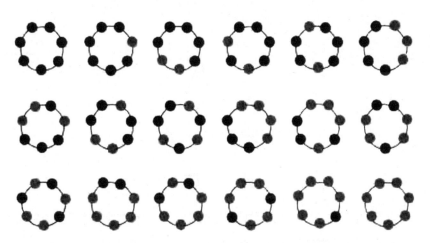

图10.2　用7个2种颜色的珠子串成的18种不同项链

道。此问题类似于下面这一个信息论问题：一个给定长度的由不同的二进制码组成的数，排除那些循环周期一致的数（从右到左或从左到右），这样的数有多少？

还有一个稍微简单点的游戏，读者可以用来测试自己的能力。这个游戏是由肖尔普（Charles. B. Schorpp）和奥布莱恩（Dennis. T. O'Brien）提供给我的。这个问题是：n 条直线最多能组成多少个三角形？如图10.3所示，5条直线可以得到10个三角形。6条直线能得到多少个三角形呢？一般公式是什么呢？公式首先可以通过差值法推算出，然后通过适当的分析，公式的正确性也很容易就得到证明。

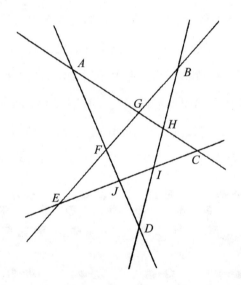

图10.3　5条直线得到10个三角形

补　遗

在应用牛顿公式经验地获得数据的过程中，人们有时会碰到值为0的异常情况。例如，《科学美国人趣味数学集锦》一书的149页给出了一个公式，计算

同时平切甜甜圈 n 刀最多能得到的块数。这是一个三次函数：$\dfrac{n^3+3n^2+8n}{6}$，这个公式类似牛顿公式，可以从实验中得到，但是它似乎不适用于 n 值为 0 的情况。甜甜圈一刀也没切过，很明显仍是一块，然而用公式计算的结果却为 0 块。为了使公式变得适用，我们必须明确规定这个"块"是指切过后得到的块数。对于这个含糊的 0，我们必须将图表差值作反向推断，并假定这个 0 是一个值，而这个值能产生我们想得到的最后一行差值中的第一个数。

为了求证公式——一个烤饼直线切 n 刀，最多可切成多少块，我们首先考虑：当第 n 条线与第 $n-1$ 条线相交时，第 $n-1$ 条已将平面分成 n 块；而当第 n 条线与这 n 块相交时，它又将每块分成两块，因此第 n 条线增加了 n 块。最初有一块，第一刀增加了一块，第二刀增加了两块，第三刀增加了三块，以此类推，第 n 刀增加了 n 块。所以总块数是 $1+1+2+3+\cdots+n$。而 $1+2+3+\cdots+n$ 的总数是 $\dfrac{1}{2}n\,(n-1)$，对此，再加上 1，我们就能得到最后的公式。

在杜德尼所著的《趣味谜题》一书中，第 275 个谜题是珠子问题。瑞奥丹（John Riordan）在他的著作《组合分析导论》（*Introduction to Combinatorial Analysis*）第 162 页的问题 37 中提到了珠子问题（威利出版社，1958 年），指出目前已知的公式无法解决此问题。他早先在"波利亚定理的组合意义"一文（《工业和应用数学学会杂志》，第 5 卷第 4 期，1957 年 12 月，232—234 页）讨论过这个问题。随后，在"周期序列的对称类型"一文中［《伊利诺伊州数学报》（*Illinois Journal of Mathematics*），第 5 卷第 4 期，1961 年 11 月，657—665 页］，埃德加·N·吉尔伯特和瑞奥丹详细讨论了此问题，并令人惊奇地将此应用于音乐理论和开关理论。关于 1—20 粒两种颜色的珠子所能串成的不同项链数，作者给出如下列表：

珠子数	项链数	珠子数	项链数
1	2	11	126
2	3	12	224
3	4	13	380
4	6	14	687
5	8	15	1224
6	13	16	2250
7	18	17	4112
8	30	18	7685
9	46	19	14310
10	78	20	27012

顺便说一下,有关项链问题的公式,杜德尼认为,不可能有解决方案并不意味着必然就没有公式存在。或许他只是想表明,找不到这样一个关于n的多项式函数,不需要一个质因数列表就可以直接通过公式计算出项链的数量。由于计算项链数的公式包含欧拉的ϕ函数,项链数必须递归计算。杜德尼的话是不准确的,他很有可能没有将递归公式当成一个"解决方案"。无论如何,有限差分演算是不适用于这个问题的,只有递归公式是为大家已知的。

有几十位读者(鉴于人数较多,在此不一一列举姓名了)在格罗姆公式印刷出版前就寄来了这个问题的正确解决方案,他们有些人是根据瑞奥丹的方法推导出来的,有的则完全是他们自己演算出来的。很多人指出当珠子数是质数时(2除外),关于项链数量的公式就变得非常简单了:

$$\frac{2^{n-1}-1}{n}+2^{\frac{n-1}{2}}+1$$

下面这封由费城的威廉宾夕法尼亚宪章学校校长约翰·F·格默里(John F. Gummere)写来的信,于1961年10月在《科学美国人》的"读者来信"专栏中发表:

先生们：

我对你们关于有限差分演算的文章非常感兴趣，远在我接触这个演算前，我就发现了一个牛顿公式最有趣的应用，那就是将有限差分法运用到幂级数中。在数字实验中，我注意到如果写下一个序列的平方数，例如 $4,9,16,25,36,49,\cdots$ 依次将相邻数字相减，得到一个序列，再将相邻的数字相减，就得到了一个有限差分。

因此，接下来我又尝试了立方和四次方，并最终得到一个公式：如果 n 是幂数，你就必须减 n 次，并且恒差就是阶乘 n。关于这个发现，我询问了我的父亲（他在哈弗福德学院的斯特劳布里奇纪念天文台担任了多年的台长兼数学老师），他用一口贵格会口音说："哦！约翰，你发现了有限差分演算。"

答　案

　　n 条直线能够组成多少个不同的三角形?一个三角形至少要有3条线,4条线能组成4个,5条线会组成10个三角形。运用有限差分演算,可以画出一张图表(图10.4)。

直线数	0	1	2	3	4	5
三角形数	0	0	0	1	4	10
第一次差值	0	0	1	3	6	
第二次差值	0	1	2	3		
第三次差值	1	1	1			

图10.4　三角形问题答案

　　这3行差值表明这是一个三次函数,运用牛顿公式得到的函数为 $\frac{1}{6}n(n-1)(n-2)$,这个公式可以产生一个序列0,0,0,1,4,10,…因此我们能推断出 n 条直线最多能组成多少个三角形的公式。不过这仍然是基于少量纸笔运算的猜测,这个公式或许可以由以下的论证证明。

　　画直线时,要求没有任何两条是平行的,并且在同一点上只能有两条直线相交。此外,应保证每条线都与其他任一条线相交,且每3条线必须组成一个三角形且只能组成一个三角形。按照这种方式就能组成最多数量的三角形。因此,这个问题等同于以下问题：n 条线，每次拿走 3 条，可以有多少种拿法？运用基本组合原理可以给出答案，且与实验所得的公式一致。

　　之前曾在多联骨牌章节中提到的那位数学家格罗姆非常热情，积极地提供给我他的关于项链问题的解决方案。这个问题的目的是要找到一个关于 n 个珠子能够组成的不同项链数的公式，假定每颗珠子可以是两种颜色中的任一种，且不考虑旋转和映射，公式的幂次并不能通过简单的差值法计算得出。

　　用 $d_1, d_2, d_3, \cdots$ 代表 n 的因子（包含 1 和 n ）。对于每个因子，我们都找到了对应的欧拉 ϕ 函数，用 $\phi(d)$ 表示。这个函数是关于正整数的函数，这个正整数小于 d，且与 d 没有公因子。假定 1 就是这样一个整数，但不是 d，那么 $\phi(8)$ 是 4。因为 8 与如下 4 个数互素：1, 3, 5, 7。按照惯例，$\phi(1)$ 就是 1，按同样的规则，对于 2, 3, 4, 5, 6, 7 的欧拉 ϕ 函数依次是 1, 2, 2, 4, 2, 6。用 a 代表每个珠子可能的颜色数，下面提供两个计算公式，上一个为当珠子数是奇数时，计算由 n 个珠子组成的不同项链数量的公式，下一个为当珠子数是偶数时的计算公式。

$$\frac{1}{2n}\left[\phi(d_1)\cdot a^{\frac{n}{d_1}} + \phi(d_2)\cdot a^{\frac{n}{d_2}} + \cdots + n\cdot a^{\frac{n+1}{2}}\right]$$

$$\frac{1}{2n}\left[\phi(d_1)\cdot a^{\frac{n}{d_1}} + \phi(d_2)\cdot a^{\frac{n}{d_2}} + \cdots + \frac{n}{2}\cdot(1+a)\cdot a^{\frac{n}{2}}\right]$$

　　上述公式中单个的小点表示乘法符号。格罗姆还采用了更简单、更专业的公式来表达计算方式，但我个人认为，上面的形式对于多数读者来说更为清晰些。它们比我们欲寻求的公式更有普遍性,并且适用于任何特定颜色数量的珠子。

以下公式也回答了本章的其他问题:

1. 将月牙形区域直切 n 刀所产生的块数: $\dfrac{n^2+3n}{2}+1$

2. 将奶酪蛋糕平切 n 刀所产生的块数: $\dfrac{n^3+5n}{6}+1$

3. 由 n 个相交圆所产生的平面区域的数目: n^2-n+2

4. 由 n 个相交椭圆所产生的平面区域的数目: $2n^2-2n+2$

5. 由 n 个相交球体所产生的空间部分的数目: $\dfrac{n(n^2-3n+8)}{3}$

6. 由 n 种颜色的牙签组成的三角形数: $\dfrac{n^3+2n}{3}$

7. 由 n 种颜色的牙签组成的正方形数: $\dfrac{n^4+n^2+2n}{4}$

8. 由 n 种颜色的边组成的四面体数: $\dfrac{n^4+11n^2}{12}$

9. 由 n 种颜色的边组成的立方体数: $\dfrac{n^6+3n^4+12n^3+8n^2}{24}$

附 记

第1章
四 色 定 理

1976年,伊利诺伊大学的哈肯和阿佩尔宣布,他们在计算机辅助下证明了四色定理。这需要超过一千多个小时的上机时间以及大量的打印输出。其他数学家历经数年、耗费了大量的心血才确证了他们的工作。希望未来会有人发现某种简单的易于证明的方法,但目前尚无人找到该方法。

第2章
阿波利奈科斯先生造访纽约

我在"消失的小塑料片悖论"中所使用的小塑料片是在中国生产的,并在20世纪90年代早期由肯塔基州路易斯维尔市的游戏玩具公司在本地销售,商品名为"疯狂拼图"。公司并未对此产品的创意支付任何费用。

163

第3章
9 个 问 题

在劳埃德、杜德尼以及其他作者编著的智力游戏书中,可以找到许多不同的关于车辆转换的智力游戏。最近有两篇文章也是关于此类智力游戏的:杜德尼发表在《科学美国人》(1987年6月)的"计算机娱乐"专栏中的一篇,以及阿马托(Nancy Amato)等在《演算期刊》(*Journal of Algorithms*,1989年第10卷,第413—428页)中发表的"倒车:一个跨世纪的排序问题"。

第4章
多联骨牌与无缺陷矩形

自从我1959年第一次谈论这些令人好奇的图形以来,关于多联骨牌的文献快速增长,但这里不可能列出上百篇论文。普林斯顿大学出版社最近修订了格罗姆的著作,其中包含了大量的文献,另外也可参见马丁(George Martin)所著图书引用的文献。

在锯齿形正方形(图4.10)的边缘处是否有一块单联骨牌(从角数起第三块),这个我之前提出的悬而未决的问题现在已经解决了。《趣味数学杂志》(1992年,第24卷,第1期,第70页)报道,荷兰的冯·德·惠特灵(A. van de Wetering)通过计算机编程找出了所有的答案。该杂志(1991年,第23卷,第2期,第146页)发表了10种解法,其中在指定的位置没有单联骨牌。

关于三维无缺陷问题的总结报道不多。在《美国数学月刊》(1970年6/7月,第77卷,第656页)中,梅切尔斯基(Jan Mycielski)针对第5774个问题有如下表述：

一个20×20×20的立方体是由许多2×2×1的砖块堆砌而成。砖块表面与立方体的表面平行，但是砖块不必全都平放。证明了一个立方体可以被一条直线穿过，这条直线垂直于其中的不能穿过任何砖块的那个表面。

杂志在1971年8/9月、第78期、第801页中提供了证明。

第5章
欧拉终结者：10阶希腊拉丁方的发现

是否存在10阶的实射影平面呢？1988年加拿大蒙特利尔康卡迪亚大学的拉姆(Clement W. H. Lam)和同事们给出了不可能存在的证明。10阶拉丁方含111个横行和111个纵列，要搜索是否存在9个互为正交的方阵，需要计算机运行上万小时(约3年)才能完成。该计算机程序证明，至多存在8个互为正交的10阶拉丁方。

和四色定理的证明一样，拉姆的证明打印出来后，由于内容过多，即使在世的所有数学家都参与进来，也无法做到逐行进行检查。这就使得人们质疑，这是否真的是"证明"，还是只可认作有效的高概率的经验证据。在1988年发表之后，拉姆和同事们发现存在两处错误，他们努力进行了补充和修正。那么还会有其他的错误吗？如果有的话，所有错误都能修正吗？之后再没有发现错误，该证明看似可信了。但到目前为止，甚至3个互为正交的拉丁方都没有找到。

我问过，是否所有的10阶希腊拉丁方都含有一个3阶方阵，很多读者已经证明，答案是否定的。

那么是否存在两条对角线皆具"魔力"(也就是对角线带有希腊拉丁方

165

的特性)的10阶希腊拉丁方呢?答案是肯定的。一个美丽的例证是纽约市的莫斯特(Mel Most)于1974年发现的:

```
90 89 72 67 53 44 35 28 16 01
68 47 05 50 81 92 13 36 24 79
29 33 66 91 02 18 74 87 40 55
73 12 20 85 96 07 48 51 39 64
15 94 37 22 78 59 80 03 61 46
57 26 49 04 10 31 62 75 83 98
84 58 11 76 27 63 09 42 95 30
41 00 93 38 69 25 56 14 77 82
06 65 88 43 34 70 21 99 52 17
32 71 54 19 45 86 97 60 08 23
```

第7章

考克斯特教授

我在本章附录部分列举了几篇有关奇妙的莫利三角形定理的文章,此后又有类似文章陆续出现,其中一些已列入参考书目。

1966年4月,我用了整栏内容来写埃舍尔。随后,人们对于埃舍尔兴趣飞涨,相关书籍与文章层出不穷。其中比较特别的一本书是沙特施奈德(Doris Schattschneider)所著的《埃舍尔:对称的视角》(*M. C. Escher: Visions of Symmetry*,1990年,W. H. Freeman 出版社出版)。我写那个专栏时,曾向埃舍尔求购了一件真品,并加以装帧,挂在了墙上。如果我能预见到他会声名鹊起,就多买几件回来了。那肯定是我这辈子最好的投资!

第9章
另外9个问题

著名的数学家乌拉姆在其自传《一位数学家的冒险》(*Adventures of a Mathematician*,斯克里布纳出版社,1976年,第281页)中,为"20个问题"增加了下述规则:回答问题的一方可以说谎一次,那么为了确定1—1 000 000之间的某个数,提问者至少需要问多少个问题?如果回答者说谎两次呢?

还没有办法解决更为一般性的情况。如果没有人说谎,答案当然是20。如果只说一次谎,那么问25个问题也够了。佩尔茨(Andrzej Pelc)在《组合理论杂志(系列A)》[*Journal of Combinatorial Theory* (*Series A*),1987年1月,第44卷,第129—149页]的"乌拉姆搜索问题(一次说谎)的解决方案"中对此进行了证明。他还对找出1—n之间某个数所需提问的最少问题数进行了运算。尼文(Ivan Niven)在《数学杂志》(1988年12月,第61卷,第275—281页)的"应用于乌拉姆问题的编码理论"中用另一种方法证明至少需要问25个问题。

在《组合理论杂志(系列A)》(1988年11月,第49卷,第275—281页)中,作者佩尔茨等3人证明,如果允许说谎两次,至少要问29个问题。在《组合理论杂志(系列A)》(1989年12月,第52卷,第62—76页)中,这几位作者提出了更为常见情况(猜1—2^n之间任意数,可以说谎两次)的解决办法。古兹克(Wojciech Guziki)在前述杂志1990年第54卷、第1—19页中彻底解决了1—n之间任意数、可以说谎两次的情况。

如果说谎3次呢?学者们仅对1—1 000 000之间的某个数给出了解决方案。尼格罗(Alberto Negro)与塞雷诺(Matteo Sereno)也在上述杂志1992年第59卷中指出,正确答案为提33个问题。

如果允许说谎4次,即使限于猜测1—1 000 000范围内的数,仍然没人找出答案。当然,如果回答问题的人每次都说谎,那将无法猜出该数。乌拉姆的问题与纠错编码理论具有密切的联系。斯图尔特(Ian Stewart)在《新科学家》(*New Scientist*,1992年10月17日刊)的文章"怎样和一个说谎者玩'20个问题'的游戏"中,总结了最新的成果,同样辛波拉(Barry Cipra)在《SIAM新闻》(*SIAM News*,1992年7月,第28页)的"万能的定理"一文中,也总结了其成果。

对于将交替排列的硬币成对移动重新整理的智力游戏,出现了许多变形及推广。有几本参考书目如下所述:

贡贝尔(Jan M. Gombert),《数学杂志》,"硬币串",1969年11—12月,第244—247页。

黄永文,《美国数学月刊》,"一道交错变换的谜题",1960年12月,第67卷,第974—976页。

阿库各布等(James Achugbue,Francis Shin),《趣味数学杂志》,"关于洗纸牌问题的一些新结果",1970—1980年,第12卷,第2期,第126—129页。

有34个拓扑结构不同的凸七面体,257个八面体以及2606个九面体。图a显示了3种非凸(凹)六面体。有26个非凸七面体和277个非凸八面体。

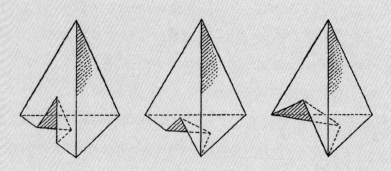

图a　3个凹六面体

参见费得里库(P. J. Federico)发表的文章:《组合理论杂志》(1969年9月,第7卷,第155—161页)上的"计算多面体个数:九面体个数",*Geometriae Dedicata*(1975年,第3卷,第469—481页)上的"四—八个面的多面体",《菲利普研究报告》(*Philips Research Reports*,1975年,第30卷,第220—231页)上的"多面体的个数"等。

已知多面体的面数,计算拓扑结构不同的凸多面体个数的公式至今尚未找到。

伯纳特(Paul R. Burnett)提醒我关注《圣经·旧约》中的撒伽利亚3:9章节,由J·M·泼维斯·史密斯(J. M. Powis Smith)翻译的现代版本中说:

"看啊,我在约书亚面前所立的石头,在一块石头上有七面,我要亲自雕刻这石头。"

克罗(Donald Crowe)在《融入数学》(*Excursions into Mathematics*, Worth出版社,1969,第29—30页)上的"多面体及相关问题中的欧拉公式"一文中提出了正式证明的概要,指出有7种不同的凸六面体。

第10章
有限差分演算

克努斯提醒我关注最早的已为人所知的杜德尼项链珠子问题解决方法。麦克马洪(Perey Alexander MacMahon)早在1892年就解决了这个问题。这一点及有关问题在由格雷厄姆等人合著的《形象的数学》(*Concrete Mathematics*,1994)一书的第4.9节中有详细讨论。

New Mathematical Diversions

By

Martin Gardner

Copyright © Martin Gardner 1995

Simplified Chinese Edition Copyright © 2020 by

Shanghai Scientific & Technological Education Publishing House

This translation is published by arrangement with Mathematical Association of

America Through Big-apple Agency, Inc.

ALL RIGHTS RESERVED

上海科技教育出版社经Big-apple Agency, Inc.协助

取得本书中文简体字版版权

责任编辑 侯慧菊
封面设计 戚亮轩

马丁·加德纳数学游戏全集
椭圆与四色定理
【美】马丁·加德纳 著

黄峻峰 刘 萍 译

上海科技教育出版社有限公司出版发行

（上海市闵行区号景路159弄A座8楼 邮政编码201101）

www.ewen.cc www.sste.com

各地新华书店经销 常熟市华顺印刷有限公司印刷

ISBN 978-7-5428-7239-5/O·1106

图字09-2013-854号

开本720×1000 1/16 印张11.5

2020年7月第1版 2024年7月第5次印刷

定价：39.00元